Leutcha Peron Bosco

Badanie fitochemiczne kameruńskiej rośliny leczniczej

Leutcha Peron Bosco

Badanie fitochemiczne kameruńskiej rośliny leczniczej

Piper umbellatum

Wydawnictwo Bezkresy Wiedzy

Imprint
Any brand names and product names mentioned in this book are subject to trademark, brand or patent protection and are trademarks or registered trademarks of their respective holders. The use of brand names, product names, common names, trade names, product descriptions etc. even without a particular marking in this work is in no way to be construed to mean that such names may be regarded as unrestricted in respect of trademark and brand protection legislation and could thus be used by anyone.

Cover image: www.ingimage.com

This book is a translation from the original published under ISBN 978-613-9-85426-4.

Publisher:
Wydawnictwo Bezkresy Wiedzy
is a trademark of
Dodo Books Indian Ocean Ltd., member of the OmniScriptum S.R.L Publishing group
str. A.Russo 15, of. 61, Chisinau-2068, Republic of Moldova Europe
Printed at: see last page
ISBN: 978-620-0-81524-8

Zugl. / Approved by: Bambili, University of Bamenda, Diss., 2018

DYDYKACJA

Do moich rodziców

pana /Pani Kameni

Do mojej starszej siostry

Yvie Tchokonthé

PODZIĘKOWANIA

Realizacja tego dzieła nie byłaby możliwa bez łaski Bożej, współpracy, interwencji pedagogicznej, materialnego i moralnego wsparcia wielu ludzi. W związku z tym, moja głęboka wdzięczność skierowana jest do następujących osób:

Pracownicy administracyjni **H.T.T.C.** Bambili i Katedry Chemii, a zwłaszcza kierownik katedry dr **ASOBO FORCHE Peter** za jego akademickie kierownictwo przez te lata;

Pr. **Pierre TANE**, szef *LANAPROC,* zgodził się nadzorować tę pracę, za jego rady, dyspozycyjność i troskę;

Pr. **Mathieu TENE, za** nagrywanie widm w podczerwieni, a także za jego wskazówki i porady;

Dr **James MPETGA**, który ocynkował, kierując tą pracą, za swoje cenne rady, ekspertyzy naukowe i wsparcie, jakie okazał mi w trakcie tych badań;

Dr. **Rémy TEPONNO**, za jego rady i dyspozycyjność w nagrywaniu niektórych z naszych widm NMR;

Laboratorium chemii produktów naturalnych Instytutu Nauk Farmaceutycznych Uniwersytetu Kyushu w Japonii w celu umożliwienia rejestracji naszego NMR;

Wszyscy wykładowcy Wydziału Chemii Uniwersytetu w Bamendzie, a także Wydziału Chemii Uniwersytetu w Dschang za umożliwienie mi uczenia się na podstawie ich doświadczeń, ich naukowego i zawodowego rygoru;

Członkowie jury, którzy zgodzili się na recenzję i ocenę tej pracy, pomimo wielokrotnego wykonywania różnych zawodów;

Pan **Paul SAKAVA** za wszystko, co mi zrobił podczas mojego pobytu w H.T.T.C. Bambili;

Dr. **François NGANDEU** i Dr. **Pierre WOTCHOKO** za ich dostępność i liczne wsparcie;

Moi starsi pracownicy *firmy LANAPROC* za liczne rady, konstruktywną krytykę podczas przygotowań i finalizacji tej pracy;

Wszyscy moi koledzy z klasy, szczególnie **Archil NANA** i **Didier TAMAFO** za ich ducha współpracy, miłości i dzielenia się;

Moje kuzynki **Anne TCHAMAKO, Elisabeth TIENTCHEU** i **Marie CHIKOU** za ich moralne i finansowe wsparcie;

Moi bracia i siostry **Danick KOUEKEU, Stéphane WOUADJEU, Boris GUETCHO, Colins TCHADJI, Girex KEUDJEU, Minette TCHOKONTHE, Gildas YAMGA, Herve DJANI, Marcel SIAKE** i wszyscy moi siostrzeńcy i siostrzeńcy za ich zachętę i wsparcie wszelkiego rodzaju;

Wszyscy moi przyjaciele **Yodjeu ARMEL, Boris DJOMSSEU, Edouard LAKO, Steve NGAGOUM, Donald TCHAMAKO, Yannick TEGANG, Germain NKUMEDJEU, Zeric NJITACKE, Pascal KENGNE, Joelle TAYO, Clovis TCHAKAM** i **Victorien HAPPI** z którymi dzieliłem się radościami dnia codziennego, wątpliwościami i trudnościami. Cieszę się, że mogłem cię medytować;

Moja ukochana **LOVELYNE Nkeng Bah,** za jej stałe uczucie i wsparcie;

Na koniec chciałbym podziękować wszystkim tym, którzy w jakikolwiek sposób przyczynili się do rozwoju tej pracy i których nazwiska nie zostały wymienione w tym dokumencie.

SPIS TREŚCI

LISTA ABREVIATIONS I SYMBOLI

^{13C} NMR	Węgiel-13 Jądrowy Rezonans Magnetyczny
1D NMR	Jednowymiarowy magnetyczny rezonans jądrowy
^{1H} NMR	Protonowy Rezonans Magnetyczny Jądrowy
2D NMR	Dwuwymiarowy magnetyczny rezonans jądrowy
amu	jednostka masy atomowej
APG	Grupa Angiosperm Phylogeny
ARN	Kwas riboNukleinowy
ATP	Trifosforan adenozyny
CC	Chromatografia kolumnowa
CCM	*Chromatographie sur Couche Mince*
CoA	Koenzym A.
COSY	Spektroskopia związana z CO
d	doublet
dd	Podzielony dublet
DE50	*Dawka Skuteczność do 50%*
DMAP	Pirofosforan diMethylAllylPyrophosphate
DNA	Kwas deoksyribo-Nukleinowy
EI	Jonizacja elektroniczna
FPP	Pirofosforan farnezylu
GGPP	Geranyl Geranyl Pirofosforan geraniowy
GPP	Piroforan geranylu
HMBC	Heteronuklearna korelacja wiązań wielokrotnych
HSQC	Heteronuclear Single Quantum Coherence
IC50	Stężenie hamujące na poziomie 5O%.
IPP	Piryfosforan izoprenylu (Isoprenyl PyriPhosphate)
IR	InfraRRed
J	Sprzęgło stałe
LC50	Stężenie Letalne na poziomie 50%

ld	duży dublet
m	multiplet
m/z	obciążenie masowe
MS	Spektrometria masowa
NADPH	Nikotynamid Adenina Fosforan dinukleotydu
NOESY	Jądrowa spektroskopia rozwojowa Overhausera
ppm	część na milion
q	poczwórny
s	Język
t	tryplet
TLC	Chromatografia cienkowarstwowa
TMS	TetraMethylSilan
UV	Ultra-Violet
δ	Zmiana chemiczna

ABSTRACT

Praca ta dotyczy wkładu w badania fitochemiczne *Piper umbellatum* Linn (Piperaceae), kameruńskiej rośliny leczniczej stosowanej w leczeniu hemoroidów i zaburzeń menstruacji. Z ekstraktu etanolowego z części napowietrznej tego gatunku roślin uzyskano oddzielenie i oczyszczenie niektórych fitokonstytutów, po czym poddano je specyficznej terapii alkaloidami. Zarówno alkaloidy ogółem, jak i frakcje obojętne poddano kolejnym technikom chromatografii, co doprowadziło do wyizolowania ośmiu związków kodowanych od PUL0 do PUL7. Strukturę niektórych z tych izolatów określono albo poprzez zwykłą analizę spektroskopową i porównanie uzyskanych danych z danymi z literatury, albo po prostu poprzez porównanie ich profili TLC z profilami autentycznych próbek dostępnych w laboratorium. PUL7 został następnie zidentyfikowany jako mieszanina steroli na podstawie analitycznego profilu TLC, podczas gdy struktury PUL3 i PUL6 zostały określone po interpretacji ich danych spektroskopowych i porównaniu z danymi z literatury. PUL3 i PUL6 zidentyfikowano zatem odpowiednio jako piperumbellactam D lub 10-amino-3,4-metylenodioksyfenyleno-N-metoksyfenantren-1-karboksylowy laktonam i 4'-nerolidylokatechol lub 4'-(1,5,9-trimetylo-1-winylo-deca-4,8-dienylo)-benzeno-1,2-diol.

Słowa kluczowe: *Piper umbellatum, alkaloid, piperumbelaktam, 4-nerolidylokatechol.*

OGÓLNE WPROWADZENIE

Przez wieki człowiek był w stanie polegać na naturze, w tym na roślinach leczniczych, aby zaspokoić ich podstawowe potrzeby. Rzeczywiście, rośliny te mają niezwykłe właściwości lecznicze dla żywych rzeczy, często związane z ich wtórnymi metabolitami (Svoboda i Svoboda, 2000). Właściwości te są obecnie uznane, wymienione i stosowane w medycynie tradycyjnej i nowoczesnej (Bourgaud *i in.,* 200; Kar, 2007).

I tak, w 2004 roku WHO oszacowało, że aktywne składniki roślin leczniczych stanowią około 25% przepisywanych leków, łącznie 120 naturalnych związków pochodzi z 90 różnych roślin (Kar, 2007). W Afryce wykorzystuje się prawie 6377 gatunków roślin, z czego 400 to rośliny lecznicze, które w 90% przyczyniają się do leczenia (Kar, 2007). Tak jest na przykład w przypadku periwinkle madagaskarskiej (Catharanthusroseus (Apocynaceae)), która jest stosowana jako środek leczniczy w medycynie tradycyjnej (Bourgaud *i in.,* 2001) i jest obecnie źródłem substancji czynnych dla współczesnej medycyny; w tym alkaloidów takich jak Vincristine (**1**) i Vinblastine (**2**) wyizolowanych z periwinkle. Posiadają one właściwości antynowotworowe, a ich półsyntetyczne pochodne [Vinorelbine (**3**) i Vindesine (**4**)] są stosowane w leczeniu niektórych rodzajów nowotworów (Sandjo, 2009; Pauly, 2000).

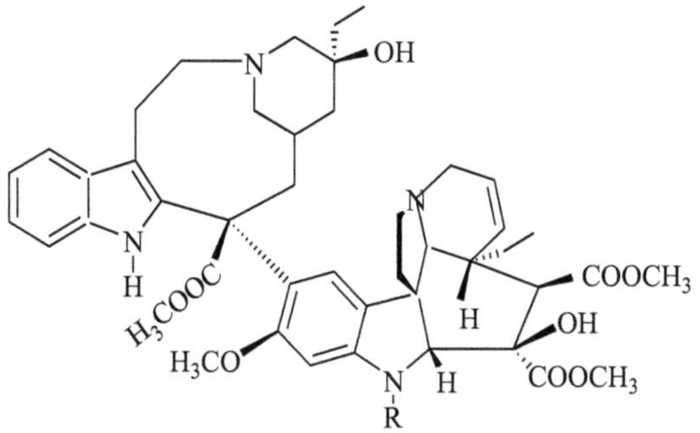

R = CHO; vincristine (**1**), R = Me; vinblastine (**2**)

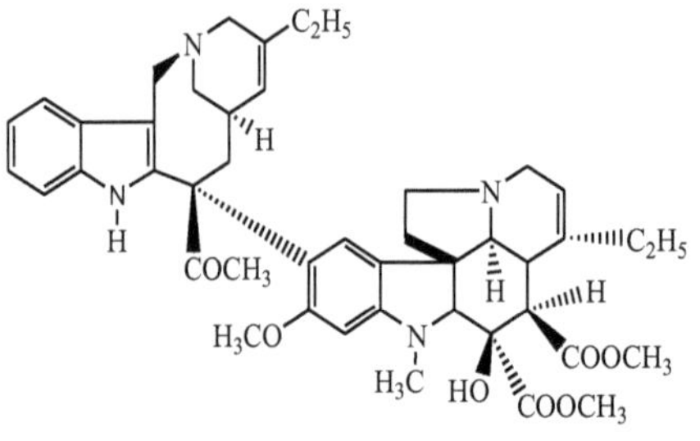

Vinorelbine (3)

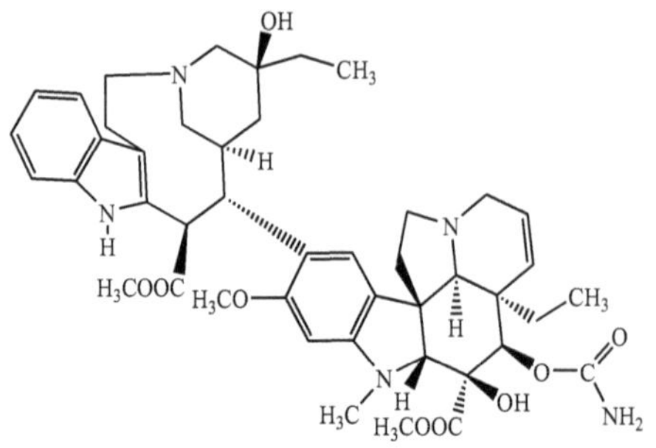

Vindesine (4)

Pomimo istnienia i wszystkich sukcesów współczesnej medycyny, coraz częściej obserwujemy zjawiska oporności niektórych mikroorganizmów przeciwdziałających obecnie wprowadzanym do obrotu lekom; co można przypisać mutacji tych mikroorganizmów często związanej ze zmianami klimatycznymi (Sandjo, 2009). Co więcej, w niektórych krajach większość ludzi nadal konsultuje się z tradycyjnymi uzdrowicielami w sprawie ich problemów zdrowotnych. Wynika to z wysokich kosztów usług zdrowotnych i leków konwencjonalnych; stąd stosowanie wyciągów roślinnych. Najczęściej jednak problem z nimi wiąże się z dawkami i toksycznością, które często są słabo rozumiane. Biorąc pod uwagę te czynniki, badania i odkrywanie nowych leków, które są bardziej skuteczne i mniej kosztowne, stały się głównym priorytetem dla środowiska naukowego. Dlatego też wiele naturalnych molekuł o potencjale przeciwdrobnoustrojowym jest coraz częściej izolowanych od roślin leczniczych, z których większość doprowadziła do zastosowania niektórych leków w podstawowej opiece zdrowotnej (Keita *i in.*, 1993).

Ponieważ wiele pozostaje jeszcze do zrobienia, LAboratory of NAtural PROduct Chemistry (*LANAPROC*) of the University of Dschang we współpracy z biologami i farmakologami zainicjowały w ostatnich latach badania fitochemiczne i ocenę aktywności biologicznej różnych gatunków roślin leczniczych w kameruńskiej farmakopei. Aby wziąć udział w tym programie, zobowiązaliśmy się do udziału w badaniach chemicznych kameruńskiej rośliny leczniczej *Piper umbellatum* (Piperaceae). Ogólnym celem naszej pracy była izolacja i charakterystyka fitokonstytutków Piper *umbellatum (Piper umbellatum).* Wiedząc, że wcześniejsze prace nad tą rośliną chemiczną doprowadziły do wyizolowania alkaloidów bez wcześniejszej specyficznej obróbki alkaloidów, zaproponowaliśmy wznowienie tych badań poprzez zastosowanie specyficznej obróbki alkaloidów. Musieliśmy więc przygotować surowy ekstrakt i poddać go zabiegowi zakwaszania, a następnie wyizolować, oczyścić i scharakteryzować wyizolowane produkty. Następnie przeprowadziliśmy przemiany chemiczne niektórych wyizolowanych związków, a na koniec oceniliśmy aktywność przeciwdrobnoustrojową ekstraktu surowego, głównych frakcji i wyizolowanych produktów.

Piper umbellatum jest rośliną znaną z właściwości leczniczych, pokarmu, a nawet działania mistycznego. Selekcja tej rośliny opierała się na rozważaniach chemotaksonomicznych, jak również na jej zastosowaniu w tradycyjnej medycynie afrykańskiej. Rzeczywiście, *Piper umbellatum jest znaną* rośliną, która zawiera olejki eteryczne i alkaloidy (piperydyna, indolik i amid), których aktywność biologiczna okazała się interesująca (Tabopda *i in.*, 2008). Roślina ta jest również wykorzystywana w medycynie tradycyjnej we wszystkich regionach Kamerunu w leczeniu hemoroidów, zapalenia skóry, zaburzeń miesiączkowania, w obrzędach pogrzebowych i tak dalej (Núñez *i in.,* 2005).

Zarys tej rozprawy idzie tak: W rozdziale I przedstawiono przegląd literatury dotyczącej rodziny Piperaceae, rodzaju *Piper i Piper umbellatum oraz* klas dominujących metabolitów wtórnych (terpenów i alkaloidów) tej rośliny. W rozdziale II przedstawiono protokół z badań, a w rozdziale III - wyniki i omówienie badań, wnioski i perspektywy. Wreszcie w rozdziale IV przedstawiono aspekt pedagogiczny tej pracy.

ROZDZIAŁ I: PRZEGLĄD LITERATURY

I. 1. Przegląd botaniki, rozmieszczenie geograficzne i wielkości Piperaceae

I.1.1. Przegląd botaniczny

I.1.1.1. Przegląd botaniczny Piperaceae

Rodzina Piperaceae składa się z około 3000 gatunków podzielonych na około dziesięć rodzajów, głównie Peperomia i Piper (Spichiger *i in.* , 2000). Piperaceae są zazwyczaj drzewami, krzewami, ziołami i lianami i występują głównie w regionach tropikalnych i subtropikalnych świata (Stevens, 2001). Niektóre gatunki Piperaceae mają silny i charakterystyczny ostry zapach spowodowany marszczeniem się. Mają one nieokreślone kwiaty, które są gęstymi, gęstymi kłosami małych, końcowych liści, często przemieszczającymi się w pozycji przeciwnej do filotazowej po rozwoju gałęzi pomocniczej. Owocami są zazwyczaj pestkowce, w których bielmo jest słabo rozwinięte i uzupełnione przez perispermę; liście mają częste i podskórne pędy otoczone pierścieniem powiązanych komórek (Campbell *i in.* , 2001).

I.1.1.2. Rodzaj *Piper*

W obrębie rodziny Piperaceae, rośliny z rodzaju *Piper* są najbardziej powszechne i najczęściej wykorzystywane. Rodzaj *Piper* to zestaw prawie 2000 najczęściej występujących gatunków w Afryce tropikalnej (Domis *i in.* , 2008). Spośród 700 gatunków *Piper* występujących w Kamerunie tylko trzy znane są jako rodzime: Piper *guineense*, *Piper capensis* i *Piper umbellatum* (Hutchinson i Dalziel, 1963). Roślinami z rodzaju *Piper* są krzewy i rzadko liany, często spotykane w lasach deszczowych regionów półkuli południowej (Kamerun, Gwinea Równikowa, Meksyk, itp.) (Jaramillo i Manos, 1988).) (Jaramillo i Manos, 1988). Niektóre z nich są również wykorzystywane przez człowieka jako źródło żywności i lekarstw (Portet 2007).

I.1.1.3. Opis botaniczny *Piper umbellatum*

- **Synonim**: *Piper subpeltatum, Pothomorphe subpeltata* i *Pothomorphe umbellata* (Linn) (Portet 2007).
- **Nazwiska**: Bouboua lub Tsé (Bamileke) Abomedzan (Ewondo), anisette wood or big balm (Francja) i Cow football leaf (Anglia) (Domis *et al.*, 2008).

Piper umbellatum jest krzewem dorastającym od 1,5 do 4 m z okrągłymi gałęziami i liśćmi, z zaokrąglonymi kończynami o błoniastej konsystencji i przezroczystą perforacją. Jest to kłączysta roślina wieloletnia, której łodygi są bezwłose. Kwiaty są w baldachy, zielonkawe owoce są jagodami turbinowanymi, pnącza. Widzimy je w podszyciu wiecznie zielonych lasów deszczowych, a także na skraju rzeki we wszystkich porach roku (Mapi, 1998).

W okrytozalążkowych, Piperaceae znalezione w *Piper* i *Piperumbellatum* są gatunkami szerokolistnymi do pyłków jednoliściennych występujących pod pojęciem pałeczek, ponieważ mają wiele plesiomorfii z monokotylenami.

APG II Klasyfikacja

Oddział	Okrytozalążkowe (Angiosperms)
Klasa	Pojedyncze okrytozalążkowe
Super-order	Magnolidy
Zamówienie	Piperales
Rodzina	Piperaceae
Rodzaj	*Piper*
Gatunek	*Piper umbellatum*

Systematyczne położenie *P. umbellatum* (Spichiger *i in.*, 2000)

I.1.1.4. Rozkład geograficzny

Urodzony w Ameryce tropikalnej, *P. umbellatum występuje* w Azji, kontynentalnej Afryce tropikalnej i na wyspach Oceanu Indyjskiego. Na kontynencie afrykańskim rozciąga się od Sudanu Północnego do Zimbabwe i od Gwinei Bissau do Etiopii, przechodząc przez całe terytorium Kamerunu, jak pokazano na mapie Afryki na rysunkach (**1** i **2**) poniżej (Domis *et al.*, 2008; Portet, 2007).

Rysunek 1: Światowa dystrybucja *P. umbellatum* (Portet, 2007)

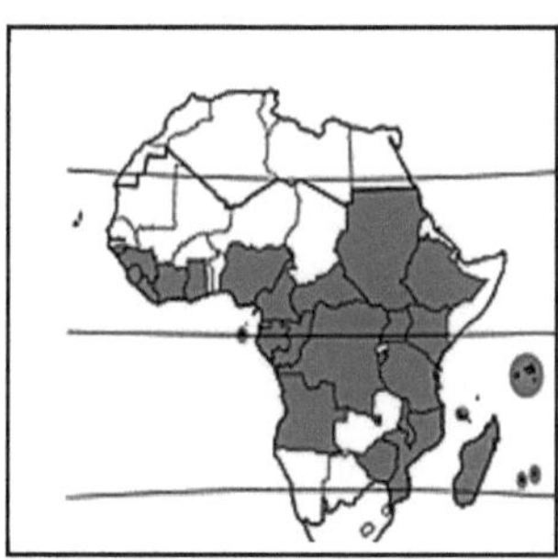

Rysunek 2: Afrykański rozkład *P. umbellatum* (Domis *et al.*, 2008)

Rysunek 3: Cała roślina *P. umbellatum*

Rysunek 4: Aspekt liści *P. umbellatum*

I. 1.2. Funkcja i znaczenie Piperaceae

I. 1.2.1. Importerzy gospodarczy i żywnościowy

Pochodzący z południowo-zachodnich Indii *Piper nigrum,* znany jako pieprz, jest używany jako przyprawa. W Malezji *Peperomia pelucida jest używana* jako drewno opałowe (Boff and De-Almeida, 1996). W regionie Zachodniego Kamerunu suszone lub świeże nasiona *Piper guineense* są szeroko stosowane jako przyprawa przy gotowaniu żółtej zupy "***Nah Péh***". Proszek z tych nasion jest również wykorzystywany do konserwacji nasion kukurydzy i fasoli pochodzących od owadów (*Sitophiluszeama*) i niektórych szkodliwych wołów (*Culex quinquefasciatus* i *Aedes Ostrinanubilasis atropalpus*) (Boff i De-Almeida, 1996; Pereda *i in.*, 1997).

W Sierra Leone, podobnie jak w Kamerunie w regionach zachodnim, środkowym i południowym, świeże liście *P. umbellatum* są spożywane jako warzywo i suszone jako naturalny środek owadobójczy. W Ghanie znany jest z wabienia ryb (Fasihuddin i Checksum 2002).

I. 1.2.2. Zastosowania lecznicze Piperaceae

Zastosowań medycznych jest wiele i może leczyć różne infekcje. Surowy wyciąg z liści *Gongronemala folium* hamuje wzrost *Staphylococcus aureus*, *Escherichia coli*, *Pseudomonasa eruginosa*, *Proteusvulgaria* i *Bacillus cereus*, nawet w niskich stężeniach (Alinnor i Ejele, 2009). W Malezji liście *Piper betle* stosowane są w naparach do leczenia niestrawności i wdychania w przypadku bólu głowy (Duke, 2002). W Occident *Piper methysticum stosowana jest* jako herbata do walki z objawami stresu, lęku i depresji (Domis *i in.*, 2008).

W tropikalnej Afryce i Ameryce Łacińskiej liście *P. umbellatum* są używane w okładach na obrzęki, czyraki i oparzenia. Liście i korzenie są pobierane w wywarze w celu złagodzenia żółtaczki, malarii, infekcji dróg moczowych i nerek, syfilisu i rozstroju żołądka (Atindehou, 2002). Na Wybrzeżu Kości Słoniowej, w Republice Środkowoafrykańskiej i Kamerunie części lotnicze są powszechnie stosowane przez kobiety w celu regulacji cyklu miesiączkowego i zapobiegania aborcjom. Zgniecione liście stosuje się jako lewatywę w leczeniu wypadnięcia odbytu (odbytu wyjściowego). W Kamerunie wywar z liści jest stosowany w leczeniu nadciśnienia i bólu zębów. W Gwinei Równikowej i Demokratycznej Republice Konga liście stosuje się w leczeniu robaka (tasiemca). Na Filipinach sok z liści jest aplikowany do oczu przeciwko zapaleniu spojówek (Domis *i in.*, 2008).

I. 2. Poprzednie prace nad chemicznym i biologicznym *Piper umbellatum*

I. 2.1. Poprzednie prace chemiczne

Badania fitochemiczne nad *P. umbellatum* doprowadziły do wyodrębnienia kilku klas związków, olejków eterycznych, steroidów (Maia i Andrade, 2009; Mesquita *i in.,* 2005; Perazzo *i in.* , 2005), alkaloidów (Tabopda *i in.*, 2008), fenoli (Fasihuddin i Checksum, 2002), flawonoidów (Isobe *i in.,* 2002) oraz gumy (Okwu, 2003; Nwauzoma i Dawari 2013). W tabeli **1** przedstawiono niektóre struktury związków wyizolowanych z *P. umbellatum.*

Tabela 1: Niektóre izolowane związki *Piper umbellatum*

Klasy	Struktury i nazwa związku	Organy	Referencje
Alkaloidy	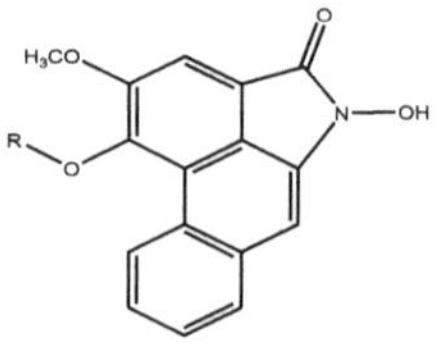 Piperumbellactam A (R = ja) (**5**) Piperumbellactam B (R = H) (**6**)	Oddział y	Tabopda *i in.*, 2008
	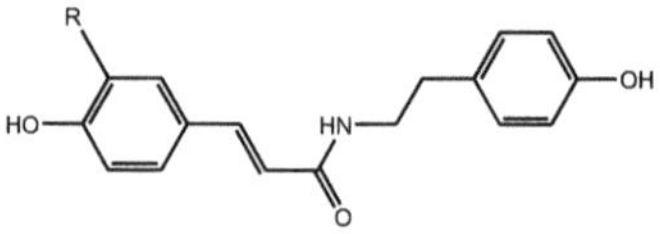 N-p-kummaroylotyramina (R = H) (**7**) *N-trans-feruloiltyramina* (R = OMe) (**8**)		
Flawonoidy	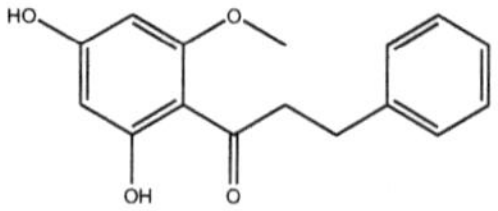 wangletyna (**9**)	Część powietrz na	Isobe *et al.*, 2002
	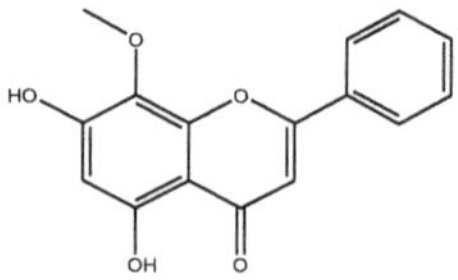 wogonina (**10**)		
Terpenes	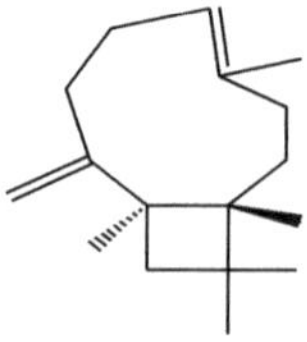 *β-kariofilen* (**11**)	Liście	Maia i Andrade, 2009

Tabela 1: (kontynuacja)

Terpenes	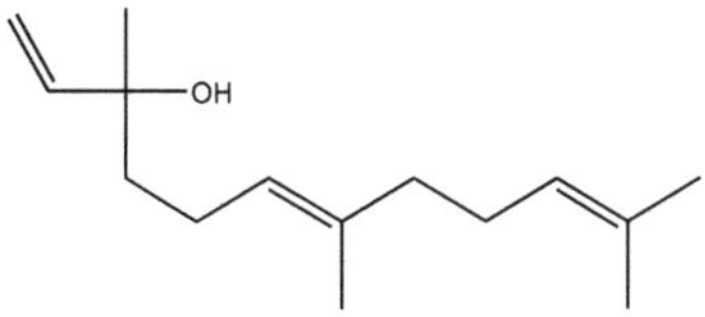 (*E*)-nerodiol (**12**)	Liście	Maia i Andrade, 2009
	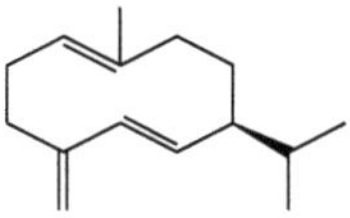 germacren D (**13**)	Liście	Mesquita *i in.*, 2005
	 *α-pinen* (**14**)	Liście	Martins *et al.*, 1998
	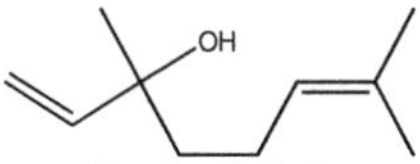 linalool (**16**)		
Fenole	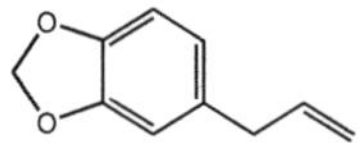 safrol (**17**)	Liście	Pino *i in.,* 2005
	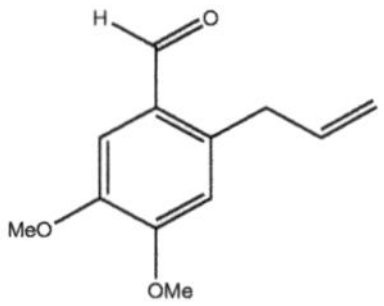 izoasaron (**18**)	Liście	Fasihuddin i Cheksum, 2002
	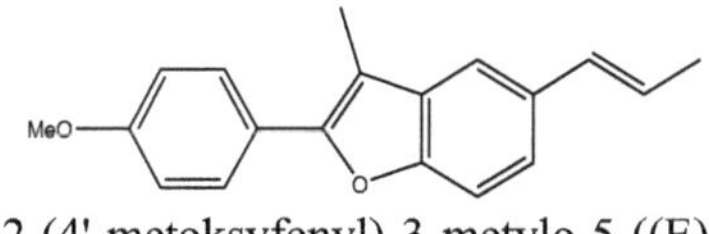 2-(4'-metoksyfenyl)-3-metylo-5-((E)-prop-1-enylo)benzofuran (**19**)		

I. 2.2. Poprzednie prace biologiczne

In vitro metanolowy wyciąg z liści *P. umbellatum* ma znaczący wpływ na zwalczanie malarii (*Plasmodium falciparum*). Natomiast surowy etanolowy ekstrakt z liści P. *umbellatum* podawany doustnie i podskórnie myszom zakażonym *Plasmodium berghei* wykazywał silne działanie przeciwmalaryczne, ale z uzależnieniem od dawki i efektu. Korzenie i części powietrzne zawierają 4'-nerolidylokatecatechol (**118**), silny przeciwutleniacz, który ma potencjalne działanie chemopreventive Against cancer (Domis *et al.*, 2008). Wyjaśni to tradycyjne zastosowanie *P. umbellatum* w leczeniu raka skóry (Núñez *i in.*, 2005). U myszy 4'-nerolidylokatechol (**118**) hamuje działanie miootoksycznej fosfolipazy kilku żmij (Bothrops spp.), ale działanie ochronne jest powolne, podczas gdy te jady działają bardzo szybko (Portet, 2007). Agbor *i wsp.*, w 2005 r. ocenili zdolność antyoksydacyjną niektórych przypraw, w tym Kamerunu *P. umbellatum,* która okazała się niejednoznaczna. Badania biologiczne aktywności Izoasaronu (**18**) wyizolowanego z *P. umbellatum* wykazały natychmiastową zdolność do wywoływania podniecenia, całkowitego zahamowania ośrodkowego układu nerwowego karalucha, a niewielka jego ilość jest również aktywna przeciw termitom (Satariah *i in.* , 1999). N-Hydroaristolam II (**20**) wyizolowany z całej rośliny *P. umbellatum* jest silnym środkiem przeciwgrzybiczym, który hamuje i radykalnie hamuje wzrost niektórych szczepów grzybów, w tym: *Candida glabrata* (99%), *Candida albicans* (108%) (Tabopda *i in.*, 2008). Tabela (**2**) poniżej przedstawia niektóre związki bioaktywne wyizolowane z *P. umbellatum.*

Tabela 2: Kilka izolowanych związków bioaktywnych z *P. umbellatum*

Składniki	**Działalność**	**Części**	**Referencje**
4-Nérolidylcatéchol (**118**)	przeciwutleniacz	Cały zakład	Domis et al., 2008
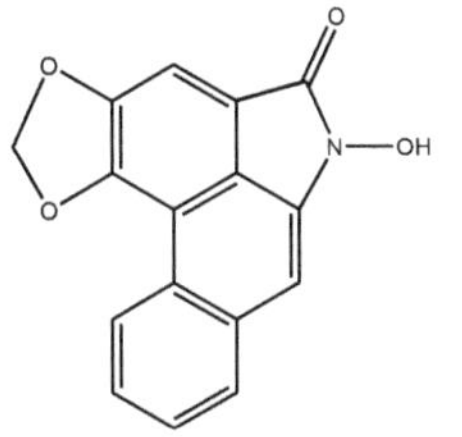 N-Hydroksyaristolam II (**20**)	Antifungic	Oddziały	Tabopda *i in.*, 2008
Piperumbellactam A (**5**)	działania *in vitro* przeciwko α-glikozydazie		
Piperumbellactam B (**6**)			
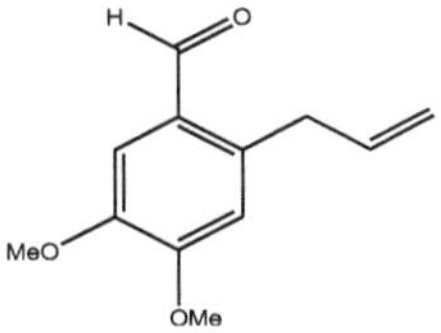 Izoasaron (**18**)	Środek owadobójczy	Oddziały	Satariah *et al.*, 1999

I.3. Terpeny

I.3.1. Ogólne dane liczbowe

W XIX wieku chemicy (zwłaszcza Wołoszczyzna) wykazywali znaczną liczbę struktur, na ogół pochodzenia roślinnego (olejki eteryczne), które można było formalnie podzielić na jednostki pięciu atomów węgla (C5), zwane jednostkami izoprenowymi (**21**). Te związki o wzorze ogólnym $(C5H8)_n$ nazywano "terpenami", których nazwę wymyślił chemik Kekule (Teisseire, 1991) z olejku źródłowego "terpentyna" (Herz, 1977) .

Ruzicka, chemik zaproponowała po raz pierwszy nomenklaturę terpenów z liczbą atomów węgla, które je tworzą. Tak więc istnieją hemiterpeny C5, monoterpeny C10, seskwiterpeny C15, diterpeny C20, sesterpeny C25, triterpeny C30, tetraterpeny C40 oraz politerpeny (Herz, 1977).

Należy zauważyć, że istnieje różnica pomiędzy terpenoidami i terpenami: terpenoidy są pochodnymi terpenu posiadającymi co najmniej jeden atom tlenu lub heteroatom. Terpeny stanowią między innymi główną zasadę działania roślin (Bouheroum, 2007).

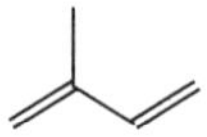

(21)

I.3.2. Sesquiterpenes

Seskwiterpeny definiuje się jako grupy 15 atomów węgla otrzymane w wyniku połączenia trzech jednostek izoprenowych. Występują one głównie w wyższych roślinach, ale także u bezkręgowców (Bruneton, 1996). Acykliczne seskwiterpeny nazywane są farnesanami, terminem wywodzącym się z podstawowej struktury farnesolu (**22**); jest ich niewiele. Farnesol (**22**) i nerolidol (**30**) są najbardziej rozpowszechnione w świecie roślin. Najczęściej spotykane są mono lub bicykliczne seskwiterpeny (germacren (**24**) Kadalen (**23**) Spathulenol (**25**), ...). (Rysunek **5**). Zdecydowana większość seskwiterpenów jest obecna w olejkach eterycznych. Można również doświadczyć w roślinnych laktonach seskwiterpenowych (rys. **6**) zróżnicowanych, które odnoszą się do wszystkich produktów cykloterapii, pirofosforanu *2E,6E-farnezylu.* Znamy ponad 100 szkieletów struktur seskwiterpenowych, różnice te wynikają z potencjału reakcyjnego ich wspólnego prekursora, pirofosforanu farnezylu (FPP) (Bruneton, 1996).

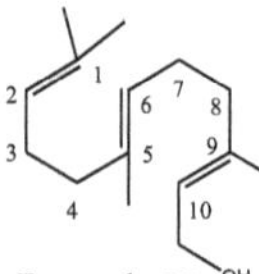

Farnesol **(22)** 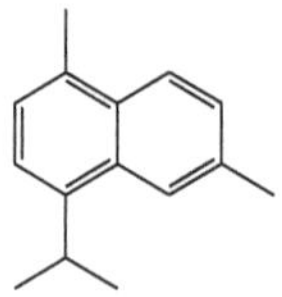 Cadalene **(23)** 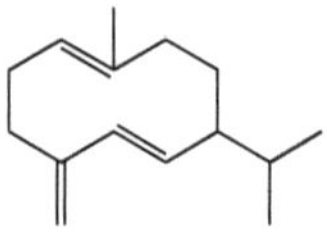 Germacrene **(24)** 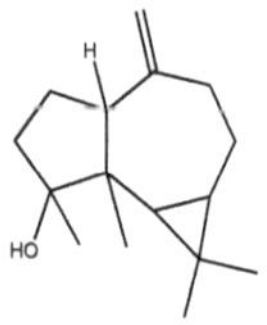 Spathulenol **(25)**

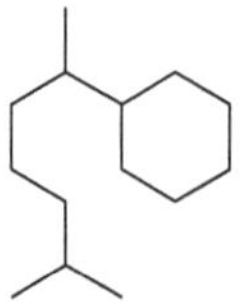

Bisobolan **(26)** 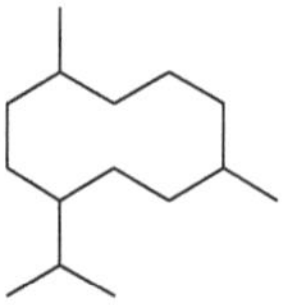 Germacran **(27)** 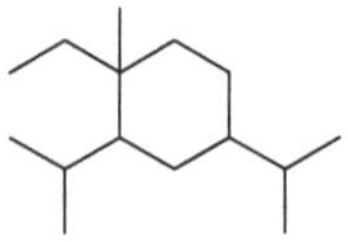 Eleman **(28)** 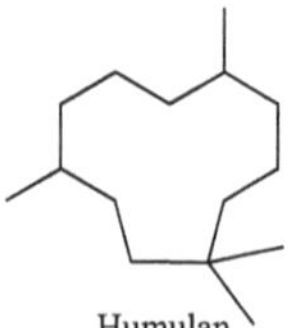 Humulan **(29)** 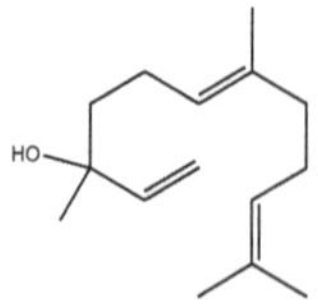 Nerolidol **(30)**

Rysunek 5: Przykłady seskwiterpenu

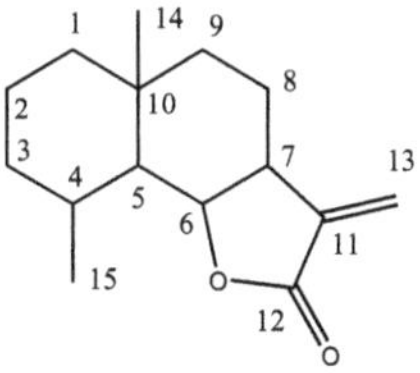

Eudesmanolide **(29)**

Rysunek 6: Przykład laktonicznego seskwiterpenu

I.3.3. Biosynteza seskwiterpenów

Chemicy biorą przykłady z natury, która rozwinęła wysoce selektywny proces, ale również bardzo skuteczny. Wiele biotransformacji prowadzi do powstania złożonych cząsteczek. Aby dokonać syntezy tych złożonych cząsteczek, natura opracowała dwie główne strategie:

∗Pierwszym z nich jest skonstruowanie docelowej molekuły poprzez serię wysoce efektywnych reakcji enzymatycznych.

∗Drugim jest stosowanie reakcji kaskadowych. Dla zilustrowania tej drugiej strategii możemy posłużyć się przykładem biosyntezy steroidów z epoksydu skwalenu, który jest przekształcany z wysoką selektywnością na lanosterol (Amar, 2009).

Synteza kwasu mewalonowego, który jest podstawą wszystkich terpenów, przebiega zgodnie z procesem przedstawionym na schemacie **1**. Redukcja trzech łańcuchów tworzy acetyloacetylokoenzym A ("Co-A") (**31**), prowadzi do uwolnienia kwasu mewalonowego (**36**), który przez wewnętrzne odwodnienie i dekarboksylację daje pirofosforan izoprenylu (**38**), który może się izomeryzować do pirofosforanu dimetylu (**39**). Jak widzieliśmy, izopren nie jest aktywną jednostką w środowisku biologicznym. Odpowiednikiem tej jednostki jest w rzeczywistości pirofosforan izoprenylu (**38**) lub jego tautomer, pirofosforan dimetylu (**39**).

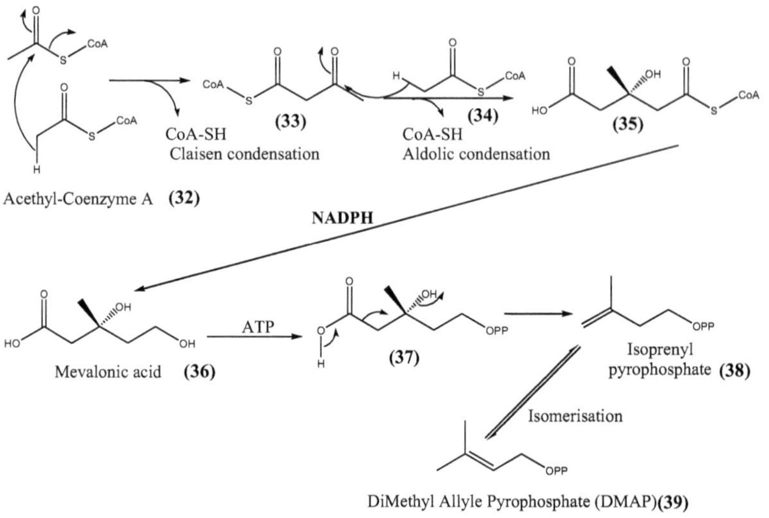

Schemat 1: Biosynteza kwasu mewalonowego (**36**) i pirofosforanu izoprenylu (**38**)

Poprzez kondensację cząsteczki DMAP (**39**) z cząsteczką IPP (**38**); otrzymuje się GPP (C-10) - prekursor monoterpenów. Cząsteczka GPP może skondensować się z nową cząsteczką IPP, tworząc cząsteczkę FPP (C-15), która jest seskwiterpenem (schemat **2**).

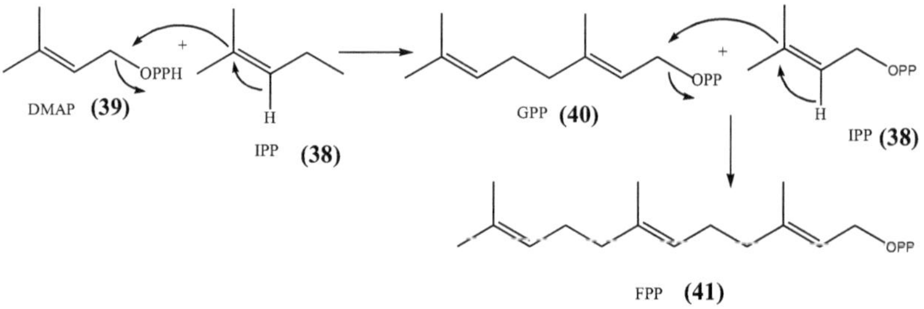

Schemat 2: Biosynteza podstawowych jednostek różnych klas seskwiterpenów

Na końcu tego zestawu reakcji biosyntetycznych (Bruneton, 1996) znajdują się kolejne zaczepiane nowe jednostki izopentenylowe, na przykład z FPP na GGPP, które wykazują obecność poliizoprenu (polyterpeny), gumy, gutaperki i cząstek zawierających ponad 2000 do 5000 pozostałości izoprenu. Tworzenie FPP może również prowadzić do powstawania innych seskwiterpenów otrzymanych w wyniku cyklizacji lub cyklizacji, po których następuje co najmniej jedno utlenianie (lakton) (Amar, 2009).

Laktony seskwiterpenowe pochodzą na ogół z napowietrznych części roślin i są metabolizowane przez różne rodziny roślin. Wyekstrahowane grzyby i mchy, zostały zidentyfikowane w okrytozalążkowych bakteriach (Amar, 2009).

Cecha strukturalna laktonów seskwiterpenowych daje im możliwość wymuszania biologicznej reaktywności ze względu na sekwencję α-metylenu, γ-laktonu i częste funkcje epoksydowe w głównych częściach tych cząsteczek. Funkcje te dostarczają miejsca reaktywne wobec organicznych nukleofili, głównie tioli, amin różnych enzymów (syntazy glikogenu, polimerazy DNA, syntazy tymidylanu, itp.) dając nieodwracalne alkilacje, stąd bardzo szeroki zakres aktywności biologicznej (Bruneton, 1996). Wtórnych zmian strukturalnych jest wiele i są:

- Na pierścieniu laktonowym, zazwyczaj typu α-metylenowego, γ-laktonowego i we wszystkich przypadkach (z wyjątkiem postaci pochodnych laktonów) proton w C7 jest α- co oznacza, że wiązanie C7 - C11 jest β-. Może to być *cis* 12, 6; *cis* 12, 8; *trans* 12, 6 lub 12,8-olid.
- Na grupach metylowych (C14 i C15) często funkcjonują (alkohol, kwas karboksylowy, epoksyd, ester, itp.).

Na nienasyconych, które mogą być zredukowane lub utlenione (epoksydy, hydroksyl i często estry) (Amar, 2009).

OPP
DMAP **(39)**
condensation of 3 isoprenic units
(42)
cyclization
(43)
germacranolide
isomerisation
dicyclic sesquiterpenes
oxydation
lactones

Schemat 3: Biosynteza Germacranolides z jednostek octanowych za pomocą kwasu mewalonowego

Biogeneza pierścienia γ-laktonowego obejmuje kilka możliwości (Amar, 2009; Herz, 1977). Jedna z nich pokazuje utlenianie C11 przez funkcję epoksydową, druga przez nadtlenek wodoru, ta ostatnia pokazuje grupę aldehydową lub karboksylową, która laktonizuje w pozycjach **6** lub **8 i** która już była obecna w grupie hydroksylowej przez utlenianie enzymatyczne (schemat **4**).

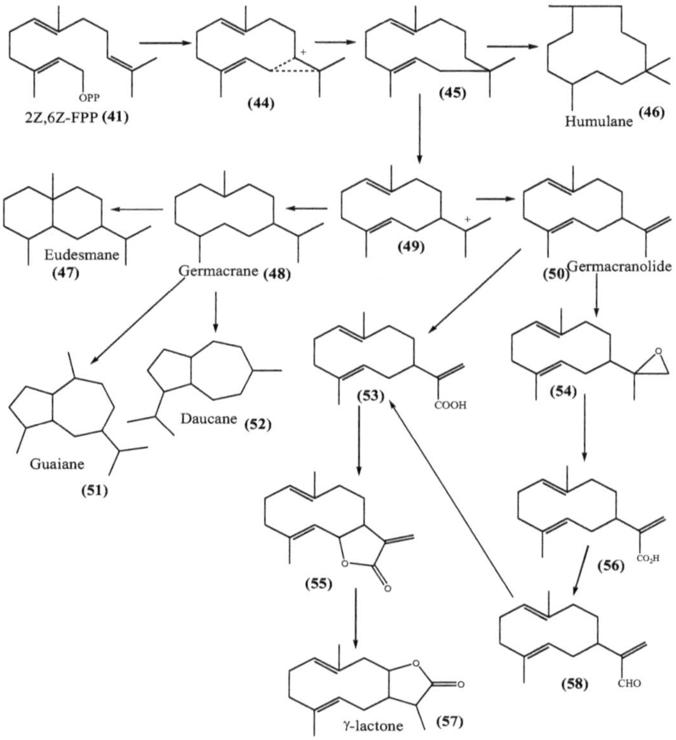

Schemat 4: Różne ścieżki cyklizacji biogenezy i powstawania pierścienia γ-laktonowego.

I.3.4. Ekstrakcja, izolacja i oczyszczanie sezkwiterpenów

Seskwiterpeny są zazwyczaj olejkami eterycznymi o złożonych właściwościach, dlatego do ich ekstrakcji stosuje się określone techniki (AFNOR, 1986). Techniki te mogą obejmować:

- **Destylacja parowa**: jest to najprostsza i najstarsza stosowana metoda. Proces ten polega na zanurzeniu surowca roślinnego w kolbie w ekstrakcie laboratoryjnym lub w przemysłowej stali pełnej wody umieszczonej na źródle ciepła. Całość jest następnie gotowana. Uwolnione ciepło pozwala na rozpad komórek roślinnych i uwolnienie zawartych w nich cząsteczek zapachowych (Pavida i Lampnan, 1976).

- **Destylacja parowa wody**: w tej technice nie jest to bezpośredni kontakt z wodą i materiałem roślinnym, który ma być poddany obróbce. Para wodna dostarczana przez kocioł przechodzi przez materiał roślinny znajdujący się nad siatką. Podczas przepływu pary przez materiał, komórki rozrywają się i uwalniają fitoelementy o niskiej masie lotnej lub molekularnej (Pavida i Lampnan 1976).
- **Ekstrakcja za pomocą lotnych rozpuszczalników**: Klasyczną technikę ekstrakcji za pomocą rozpuszczalnika umieszcza się w ekstraktorze lub w komórce, najlepiej w lotnym rozpuszczalniku i w materiale roślinnym, który ma być poddany obróbce. Rozpuszczalnik gromadzi metabolit, a następnie odparowuje pod ciśnieniem atmosferycznym. Najbardziej praktyczną metodą jest ekstrakcja za pomocą lotnych rozpuszczalników organicznych. Najczęściej stosowanymi obecnie rozpuszczalnikami są heksan, cykloheksan, etanol, metanol, dichlorometan i aceton (Hadi, 2011).

Ekstrakty otrzymane różnymi technikami ekstrakcji są oczyszczane za pomocą chromatografii przy różnej wielkości cząstek i układzie izokratycznym lub przy zwiększonym gradiencie polaryzacji w różnych układach rozpuszczalników (Hex/CH2C12, CH2C12/AcOEt; CH2C12/MeOH i EtOAc/MeOH) (Pavida i Lampnan, 1976).

I.3.5. Aktywność biologiczna seskwiterpenów

I.3.5.1. Role seskwiterpenów w roślinach

Wykazano, że liniowy seskwiterpen *(E,E)-α-farnesen* (**59**) jest silnym środkiem owadobójczym, chroniącym roślinę przed owadami. Seskwiterpeny, zwłaszcza łańcuchy acykliczne, są często toksyczne i trzymają zwierzęta, zwłaszcza roślinożerne, na odległość. Ale zapachy te przyciągają również niektóre zapylacze (Bouheroum, 2007). Wykazano, że po organokondensacji prekursor FPP w β-sitosterolu (**119**) i stigmasterolu (**120**) wykazywał jednocześnie aktywność antyimutagenną.

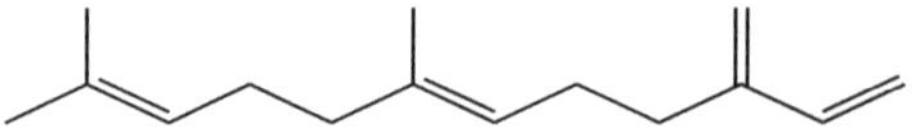

*E,*E-α-farnesen (**59**)

I.3.5.2. Role niektórych seskwiterpenów w leczeniu niektórych chorób u ludzi

Badania dotyczące aktywności biologicznej seskwiterpenów dowiodły istnienia następujących efektów: znieczulającego, antyhistaminowego, przeciwreumatycznego, moczopędnego, przeciwbólowego, antybiotykowego, przeciwzapalnego, przeciwnowotworowego i drażniącego (Varaprasad, 2012).

Dużo uwagi poświęca się aktywności przeciwnowotworowej laktonów seskwiterpenowych (Lee *i in.,* 1999). Aktywność ta jest związana z α-metylenem γ-laktonem (Lee i in., 1984). Poszukiwanie biologicznej aktywności laktonów seskwiterpenowych było zawsze aktualne, a hamujące właściwości germakranolidu (**50**) na wzrost tkanek zwierzęcych od 1948 roku, temat stał się przedmiotem przeglądu (Lee et al., 1999). W tej dziedzinie badania skupiały się przede wszystkim na chemioterapii nowotworowej (Varaprasad, 2012). W systematycznych badaniach aktywności biologicznej laktonów seskwiterpenowych Mitchell i wsp. (Lee *i wsp*., 1999) stwierdził, że niektóre seskwiterpeny są silnymi alergenami; aktywność ta jest związana z tymi samymi czynnikami strukturalnymi, które decydują o aktywności cytotoksycznej. Podobnie wykazano, że niektóre laktony seskwiterpenowe mają działanie przeciwgrzybicze, a inne przeciwpasożytnicze (Bruneton, 1996).

I.3.6. Metody określania struktury seskwiterpenów

I.3.6.1. Spektrometria masowa (MS)

Opiera się ona na rozdzielaniu jonów w zależności od ich stosunku m/z przez pole elektryczne i pole magnetyczne. Zgodnie z zastosowaną techniką jonizacji, można zauważyć obecność szczytowego jonu molekularnego lub nie. Technika ta pozwala na określenie masy cząsteczkowej i wzoru molekularnego terpenoidów w celu zidentyfikowania charakteru jonu w danym przypadku w stosunku do związków naładowanych. Ogólnie rzecz biorąc, masa molowa terpenoidów wynika z braku halogenu i azotu, a powszechnie stosowaną metodą jest wpływ elektronów (EI) (Özgen *i in.* , 2006). Ogólnie rzecz biorąc, przy zastosowaniu tej metody obserwuje się piknięcia w $[M-1]^+$ i $[M-17]^+$, które charakteryzują odpowiednio ubytek protonu i hydroksylu w cząsteczce.

I.3.6.2. Spektroskopia w podczerwieni (IR)

IR jest metodą analizy związków, która dostarcza informacji na temat różnych funkcji chemicznych obecnych w cząsteczce. W przypadku seskwiterpenoidów zauważa się obecność pasm adsorpcji wiązania podwójnego C=C w strefach 1595-1639 cm-1. Inną cechą jest to, że z pasma -OH wiązania w regionie 3650-3500 cm-1 najczęściej spotykane w laktony seskwiterpenowe i pasm w 1040 cm-1 charakterystyczny CO cm-1 (Özgen *i in.*, 2006).

I.3.6.3. Jednowymiarowe NMR (1D NMR)

❖ **Spektroskopia ^{1H} NMR**

^{1H} NMR jest techniką stosowaną w chemii analitycznej, ponieważ dostarcza informacji na temat natury protonów cząsteczki. Liczby procesorów różnicują protony. Seskwiterpeny charakteryzują się chemiczną wartością przesunięcia ich protonów etylenowych, które rezonują między 5,00 a 6,01 ppm (Kelly, 2013).

❖ **Spektroskopia ^{13C} NMR**

Technika ta dostarcza bezpośrednich informacji o liczbie atomów cząsteczki, które stanowią podstawowy szkielet. Zgodnie ze szkieletem seskwiterpenów, istnieją co najmniej dwa węglowodory etylenu o wartości od δ =111,1 do 148,2 ppm (Bouheroum, 2007; Kelly, 2013). W przypadku związków o nocie seskwiterpernoidalnej, obecność CH natlenionego δ = 71,7 ppm w stosunku do węgla z alkoholową grupą funkcyjną oraz δ = 180 ppm w przypadku laktonów. Wartości przesunięć chemicznych są charakterystyczne dla przypisanych im pozycji (Bouheroum, 2007).

Chociaż cała roślina *P. umbellatum* ma bardzo wysoki udział w terpenoidzie, istnieją również inne klasy związków, choć w małych proporcjach, takich jak alkaloidy (Lee *i in.*, 1984).

I.4. Alkaloidy

I.4.1. Ogólne informacje o alkaloidach

Alkaloidy są najważniejszą grupą substancji o znaczeniu terapeutycznym pod względem liczby zróżnicowania strukturalnego i zakresu ich aktywności farmakologicznej. Termin alkaloid został wprowadzony przez W. Meisnera na początku XIX wieku, aby opisać naturalne substancje, które reagują jako zasady, takie jak zasady pochodzące z arabskiego "***al kaly***" i soda pochodząca z greckiego "***eidos***". Nie ma prostej, precyzyjnej definicji alkaloidów i czasami trudno jest ustalić granice między alkaloidami a innymi naturalnymi metabolitami azotu (Bruneton, 2009).

Uznaje się, że alkaloid jest organicznym związkiem azotowym, mniej lub bardziej zasadowym, o ograniczonej dystrybucji, posiadającym nawet przy małej dawce wyraźne właściwości farmakologiczne. Są one naturalne: roślinna przykładowa piperyna (**60**) wyizolowana głównie w rodzaju *Piper* i zwierzęca przykładowa bufotenina (**61**) wyizolowana z płazów (żaby, salamandry, itp.), solenopsyna (**62**) wyizolowana z owadów (mrówek).

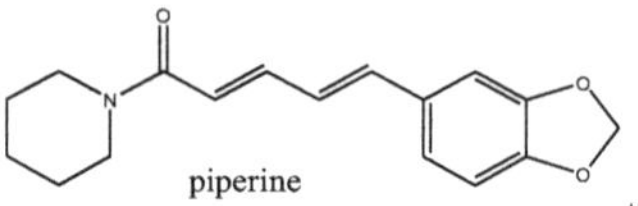

piperine **(60)**

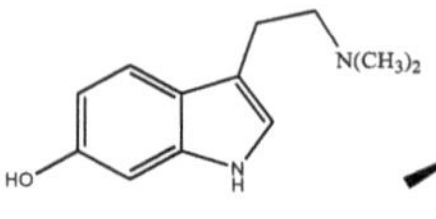

bufotenine **(61)**

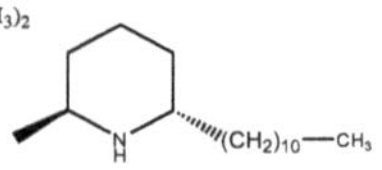

solenopsine A **(62)**

Są:

- **Prawdziwe alkaloidy**, które są naturalnie występującymi substancjami, często o złożonej strukturze, azotu (atom azotu zawarty w heterocyklu) i podstawowym charakterze (Bruneton, 2009). Występują one w roślinie w postaci soli, które mają pochodzenie biosyntetyczne aminokwasów i posiadają znaczną aktywność farmakologiczną;

- **Pseudoalkaloidy**, które są metabolitami posiadającymi cechy prawdziwych alkaloidów, z wyjątkiem ich biosyntetycznego pochodzenia. W większości znanych przypadków pochodzą one z izoprenoidów (alkaloidy terpenowe) i metabolizmu octanu;
- **Protoalkaloidy**, które są prostymi aminami, których azot nie jest zawarty w układzie pierścieni heterocyklicznych, które mają odczyn zasadowy i są produkowane *in vivo* z aminokwasów.

W praktyce uznaje się ją za niealkaloidy: aminy proste, betaliny, peptydy, aminokwasy, aminocukry, porfiryny, alkiloaminy i arylakiloaminy (Bruneton, 2009).

I.4.2. Dystrybucja i lokalizacja alkaloidów

I.4.2.1. Dystrybucja

Niektóre alkaloidy występujące w kilku rodzajach należą do różnych rodzin, niekiedy taksonomicznie bardzo odległych, jak w przypadku kofeiny występującej w kawie (Rubiaceae), herbacie (Ternstroemiaceae), koli (Sterculiaceae), mate (Aquifoliaceae), guaranie (Sapindaceae). Inne cechy charakterystyczne to rodzina (rodzina piperydyno-Piperaceae) lub rodzaj (piperyna - rodzaj *Piper*) i wreszcie niektóre są ściśle gatunkowe - specyficzne (piperumbellactam *Piper umbellatum*). Zawartość alkaloidów waha się znacznie od kilku ppm, jak w przypadku alkaloidów przeciwgrzybiczych Madagaskaru (*Catharanthus roseus* Linnaeus), ponad 15% kory łodygi cinchona (*Cinchona ledgeriana* Moens). Rośliny alkaloidowe bardzo rzadko zawierają tylko jeden alkaloid, w większości przypadków jest to mieszanka złożona, fakultatywnie zdominowana przez główny składnik. Nierzadko zdarza się, że w tej samej roślinie występują dziesiątki alkaloidów (Pauly, 2000).

I.4.2.2. Lokalizacja

Dla danej rośliny zawartość alkaloidów może być bardzo nierównomierna w zależności od organów rośliny, z których niektóre mogą być brakujące. Alkaloidy występują w postaci rozpuszczalnej, soli (cytrynian, jabłczan, winian, melanż, izomasłanian, benzoesan) lub skompleksowane z taninami. Najczęściej znajdują się one w tkankach obwodowych: Zewnętrzne fundamenty łodygi, kory korzeniowej i łuski nasion itp. Podstawowość i ich antymabolityczne działanie większości z tych cząsteczek narzuca ich segmentację. Są one zazwyczaj przechowywane w wakuole komórkowe, że są one wykonane w określonych miejscach (laticiferous) lub nie. W większości przypadków synteza tych alkaloidów odbywa się w określonym miejscu (rosnące korzenie latikształtnych komórek wyspecjalizowanych, chloroplasty), a następnie są one transportowane do ich miejsca przechowywania (Pauly, 2000).

I.4.3. Struktura i klasy niektórych alkaloidów

I.4.3.1. I.4.3.1. Ogólna klasyfikacja niektórych alkaloidów

W poniższej tabeli (**3**) przedstawiono niektóre duże klasy alkaloidów i ich różne prekursory.

Tabela 3: Niektóre klasy alkaloidów (Bruneton, 2009)

TYPY	Prekursor	Grupa Alkaloidów	Charakterystyczne jądro
PRAWDZIWE ALKALOIDY	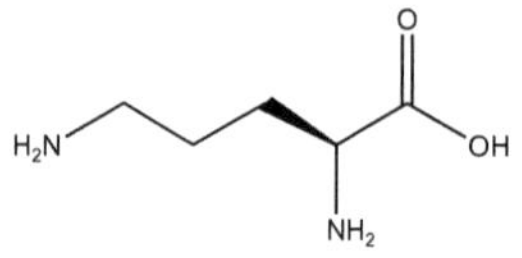 L-ornityna (**63**)	Alkaloidy pirolidynowe	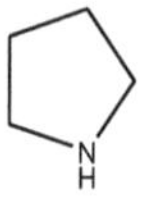 Pirolidyna (**64**)
	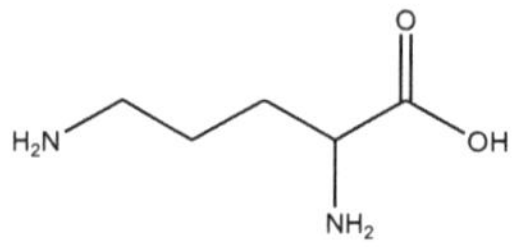 L-lizyna (**65**)	Alkaloidy piperydynowe	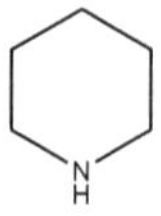 Piperydyna (**66**)
	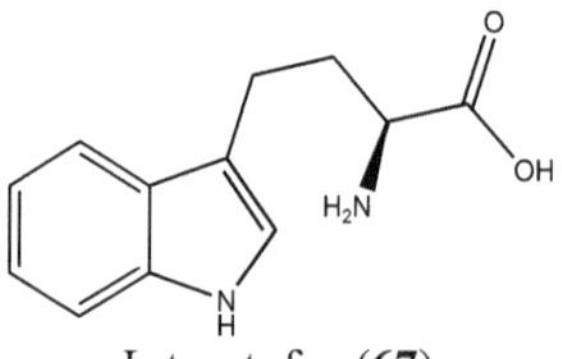 L-tryptofan (**67**)	Indywidualne alkaloidy	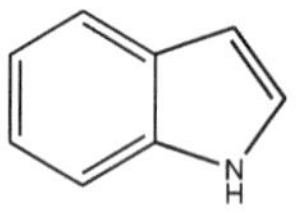 Niewidoczny (**68**)

PROTOALKALOIDY	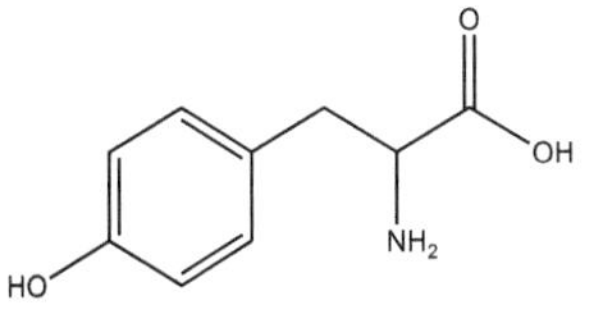 L-tyrozyna (**69**)	Alkaloidy fenyloetyloamino we	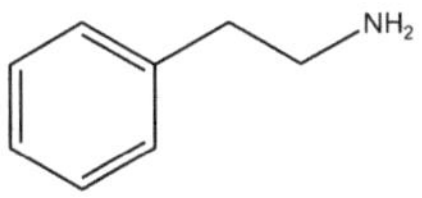 Fenyloetyloamina (**70**)
	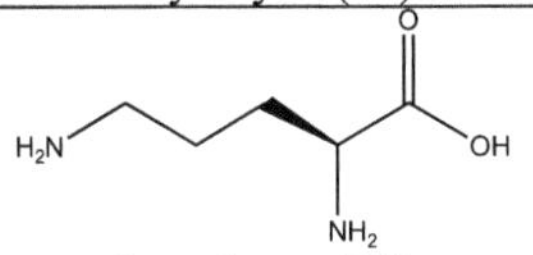 L-ornityna (**63**)	Alkaloidy pirolizydynowe	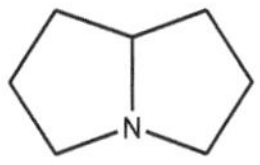 Pirolizidyna (**71**)

Tabela 3: (kontynuacja)

PSEUDOALKALOIDY	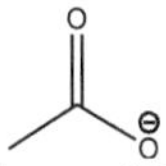 Acetat (**72**)	Alkaloidy seskwiterpenowe	Sesquiterpene
	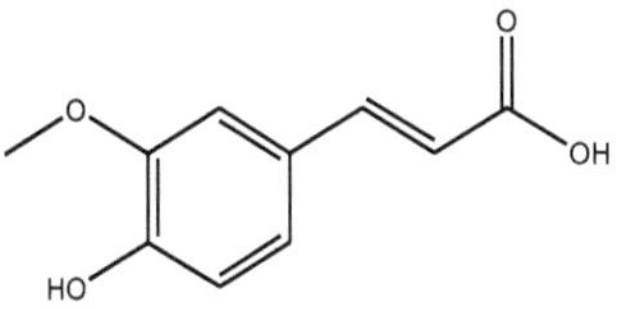 Acide ferulique (**73**)	Alkaloidy aromatyczne	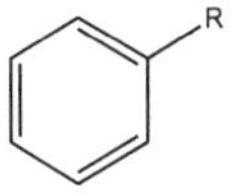 Henyle (**74**)
	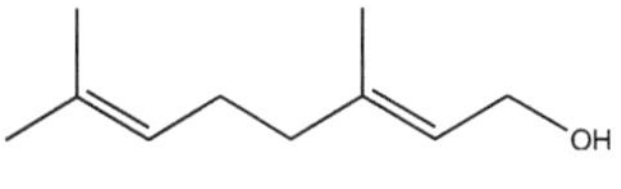 Géraniol (**75**)	Alkaloidy terpenowe	Terpenoidy

I.4.3.2. Klasyfikacja alkaloidów indolicznych i ich struktur

Alkaloidy wewnętrzne zawierają pierścień pirolidynowy, który jest połączony z pierścieniem benzenowym. Ta rodzina alkaloidów zawiera ponad 1500 znanych związków. Jest ona podzielona na kilka podrodzin w zależności od rozmieszczenia różnych atomów na strukturze. Na rysunkach **7** i **8** poniżej przedstawiono różne podstawowe struktury tworzące tę rodzinę oraz ich różne prekursory (Vercauteren, 2013; Zaghdane, 2008).

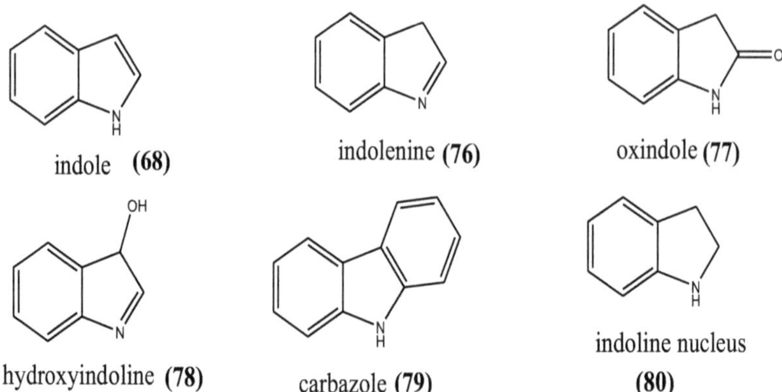

Rysunek 7: Różne struktury bazowe, które wynikają z rodziny alkaloidów indolicznych (Zaghdane, 2008)

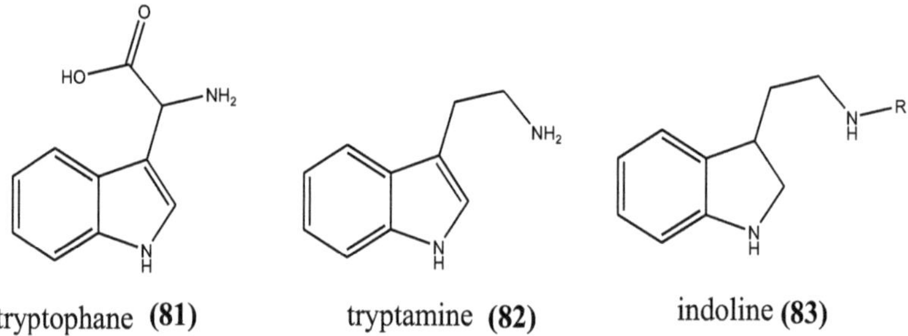

Rysunek 8: Struktura różnych prekursorów (Vercauteren, 2013)

Alkaloidy indoliczne są klasyfikowane zgodnie z ich strukturą szkieletu węglowego. Są one podzielone na osiem rodzin przedstawionych w tabeli **4** z przykładami reprezentującymi każdy rodzaj szkieletu (Zaghdane, 2008).

Tabela 4: Rodzaje szkieletu ośmiu rodzin alkaloidów indolicznych i przykłady typowych związków.

Rodzaje szkieletów	**Przykłady**
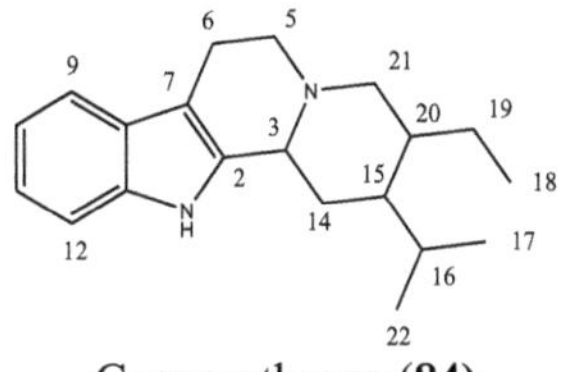 Corynantheane (**84**)	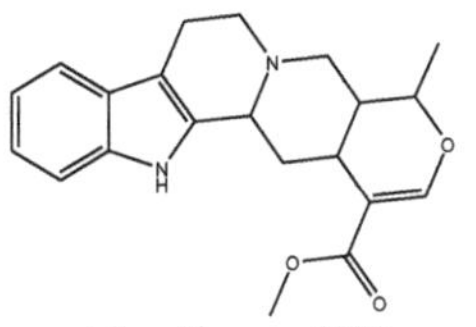 Ajmalicyna (**85**)
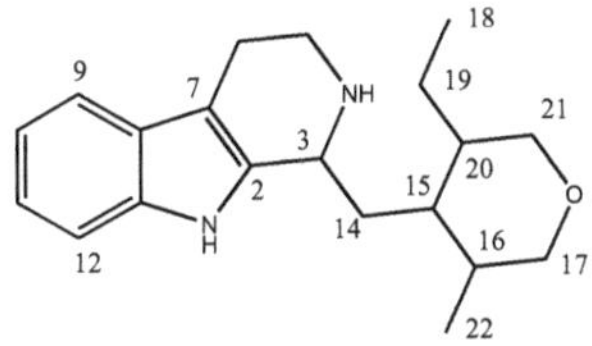 Vincosane (**86**)	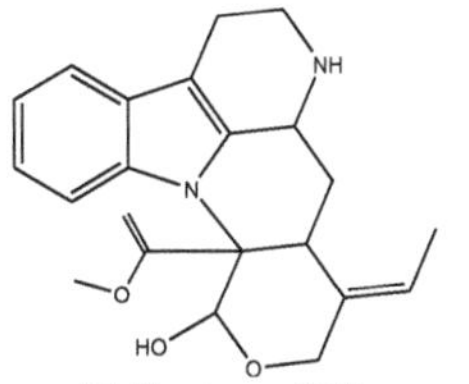 Talbotyna (**87**)
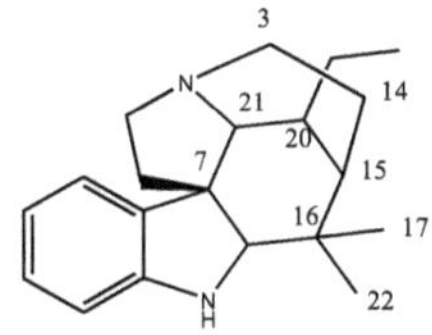 Aspidospermatan (**88**)	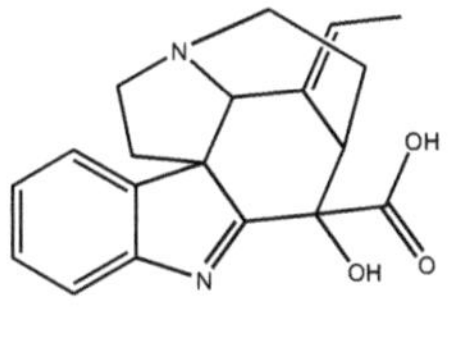 Precondylokarpina (**89**)
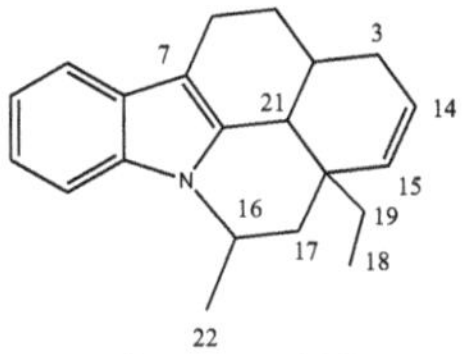 Eburnane (**90**)	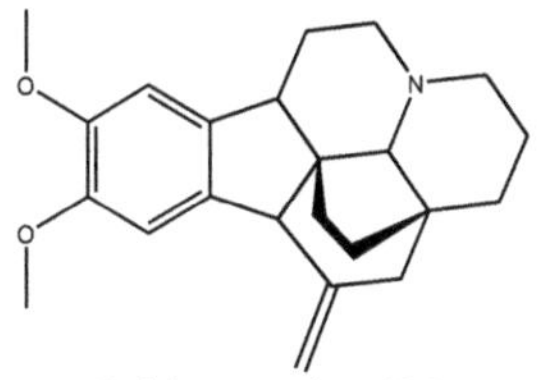 Schizogamina (**91**)
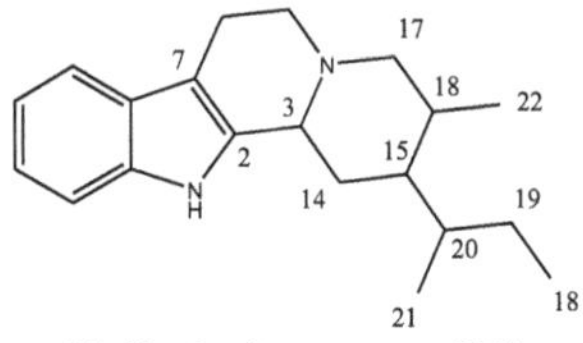 Vallesiachotamane (**92**)	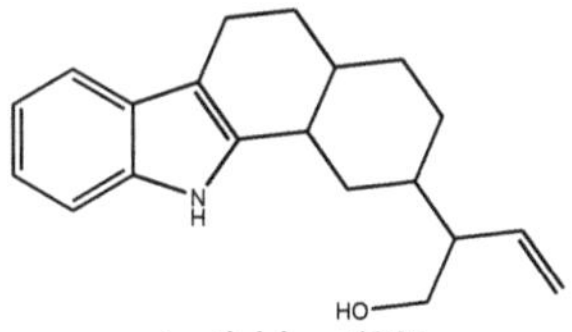 Antirhine (**93**)

Tabela 4: (kontynuacja)

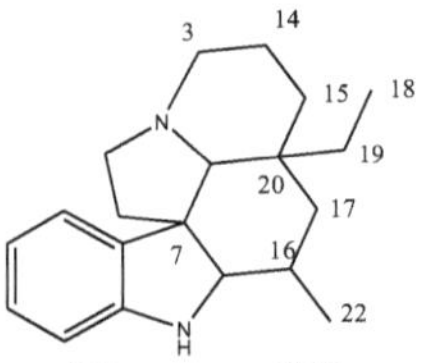 Plumeran (**94**)	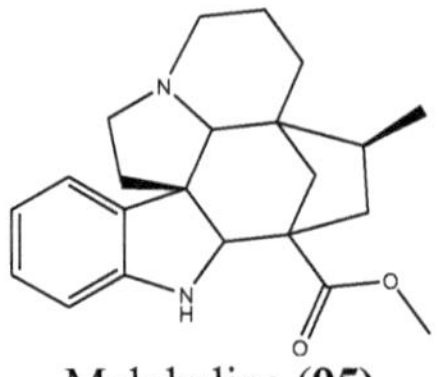 Melobalina (**95**)
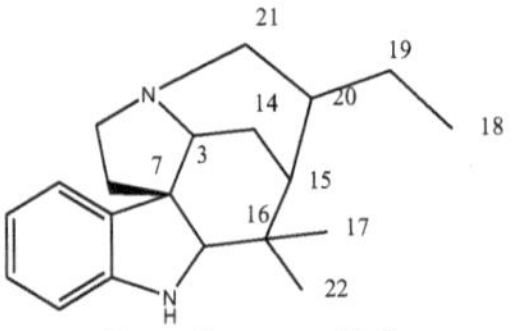 Strychnane (**96**)	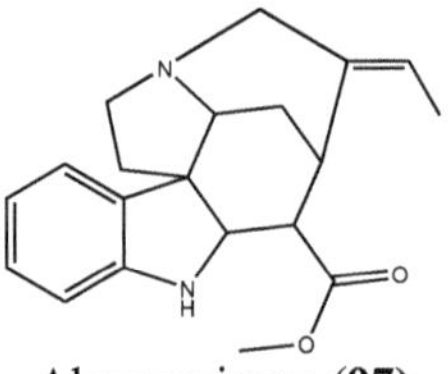 Akuammicyna (**97**)
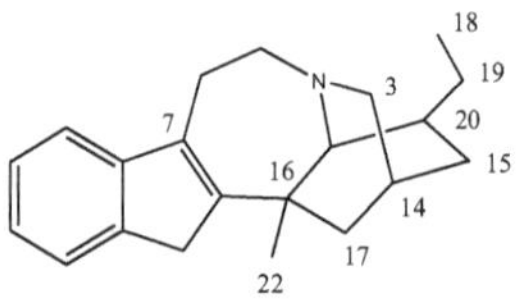 Ibogan (**98**)	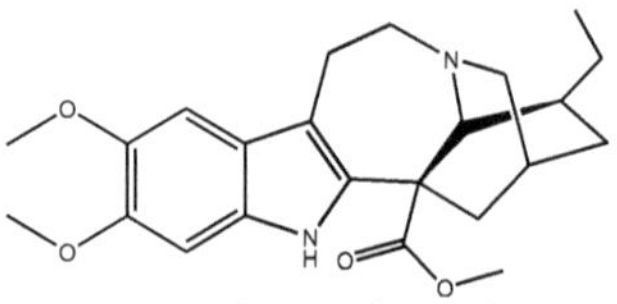 Conopharyngine (**99**)

I.4.4. Biosynteza alkaloidów

Przypomnijmy, że prawdziwe alkaloidy pochodzące z aminokwasów: ornityny, lizyny, fenyloalaniny, tyrozyny, tryptofanu, histydyny, kwasu antranilowego.

Najbardziej niezwykłą cechą alkaloidów indolicznych (lub indolomonoterpenu) jest ich powszechne biosyntetyczne pochodzenie. Wszystkie znane związki pochodzą od jednego prekursora, lastrictosidyny, po skondensowaniu cząsteczki tryptaminy i secologanozydu (aldehydemono-terpenu). Najważniejsze źródło zmienności strukturalnej jest związane z cząsteczką terpenu, która jest zdolna do licznych przeróbek. Możliwe jest sklasyfikowanie tych alkaloidów według ich biogenezy (Sanner, 2007; Bruneton 1996).

Profesorowie Perkin i Robinson zasugerowali, że część indoliczna pochodzi z tryptofanu i sekologaniny (schemat 5) (Zaghdane, 2008).

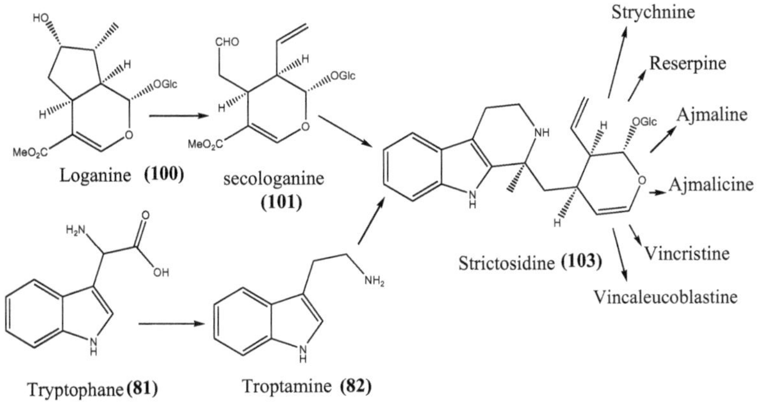

Schemat 5: Biosynteza alkaloidów indolicznych z loganiny i tryptofanu

Poza tym, profesorowie Thomas i Wenkert proponują, że kwas mewalonowy (**36**) (schemat **6)** jest niearomatyczną podstawową strukturą różnych indolicznych alkaloidów. Na podstawie podstawowej struktury związku (**106**), który jest pochodną kwasu mewalonowego, możliwe jest uzyskanie indoliczne alkaloidy (**104**), (**108**) i (**109**). Jest to możliwe ze względu na przestrzenny układ łańcucha węglowego, który może wystąpić podczas procesu biosyntezy w zakładzie.

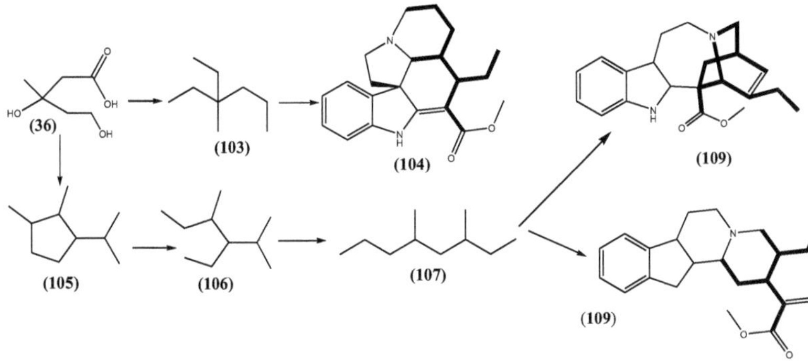

Schemat 6: Biosynteza alkaloidów indolicznych z kwasu mewalonowego (36)

I.4.5. Właściwości fizykochemiczne alkaloidów

Większość nieutlenionych zasad ma postać ciekłą w zwykłej temperaturze (nikotyna, spartenit, koniina); te, które zawierają w swoim składzie tlen, są normalnie krystalizowalne w stanie stałym, rzadko zabarwione; staje się on spolaryzowanym światłem i ma ostre punkty topnienia, bez rozkładu i szczególnie poniżej 200 °C.

Zasady alkaloidowe są nierozpuszczalne lub słabo rozpuszczalne w wodzie, rozpuszczalne w niespolaryzowanych rozpuszczalnikach organicznych lub słabo polarne, rozpuszczalne w alkoholach o wysokim mianie.

Zasadowość alkaloidów jest bardzo zmienna, ściśle związana z dostępnością wolnego azotu podwójnie. Grupy odciągania elektronów przylegające do atomu azotu zmniejszają zasadowość, a grupy odciągania elektronów ją zwiększają. Dla pirolidyn, heterocykl jest nienasycony, podczas gdy zasadowość jest wysoka.

W pirydynie w sześciu (6) π elektronach, jak w chinolinie i izochinolinie, gdzie w dublecie azotu jest dostępny, zasadowość jest netto.
W przypadku pyrrolu i indolu, w których dublety azotu biorą udział w aromacie, zasadowość wynosi zero.

Na zasadowość wpływają również ograniczenia steryczne; jest to czynnik niestabilności dla cząsteczek, które w stanie podstawowym i w roztworze są podatne na ciepło, światło i tlen.

I.4.6. Wydobywanie, rozdzielanie i identyfikacja alkaloidów

I.4.6.1. Ekstrakcja alkaloidów

❖ **Ekstrakcja za pomocą rozpuszczalnika alkalicznego**

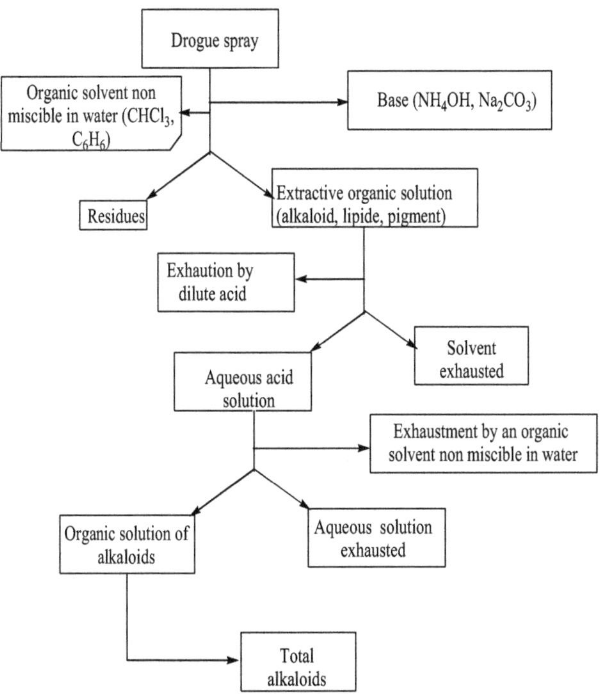

Schemat 7: Zasada ekstrakcji alkaloidów w środowisku alkalicznym (Bruneton, 2009)

❖ **Ekstrakcja przy użyciu rozpuszczalnika w środowisku kwaśnym**

Możliwe są dwa przypadki: w pierwszym roślina lub zakład jest rozpylany, wyczerpany przez zakwaszoną wodę; w drugim przypadku jest z zakwaszonym roztworem alkoholu lub alkoholu, który powoduje wyczerpanie. W tym przypadku po ekstrakcji następuje destylacja próżniowa, która usuwa alkohol i pozostawia kwaśny wodny roztwór soli alkaloidalnych.

W obu przypadkach istnieje zatem wodny roztwór soli alkaloidów do oczyszczenia. Może być:

- Alkalizować roztwór i ekstrahować bazę za pomocą niemieszającego się rozpuszczalnika organicznego;
- Selektywne mocowanie alkaloidów zawartych w roztworze na żywicy jonowymiennej, a następnie eluowanie silnym kwasem;
- Wytrącać alkaloidy jako jodomerkuryny. Powstały kompleks jest zbierany przez filtrację, rozpuszczany w mieszaninie wodno-alkoholowo-acetonowej i rozkładany poprzez przejście przez żywicę wymienną (Bruneton, 2009).

I.4.6.2. I.4.6.2. Oddzielanie i identyfikacja alkaloidów

Niezależnie od metody stosowanej do ekstrakcji alkaloidów, otrzymane produkty nie są alkaloidami czystymi, lecz całkowitymi. Złożone mieszaniny zasad są niezbędne do oddzielenia

W najlepszym przypadku jeden z alkaloidów i większość z nich można uzyskać poprzez bezpośrednią krystalizację (np. chinina, która krystalizuje się w postaci zasadowego siarczanu poprzez prostą neutralizację ekstrakcji kwaśnych ługów węglanem sodu do pH=6).

W innych przypadkach różne alkaloidy w mieszaninie mają różne zasady, tak aby ekstrahować fazę niemieszającą się i o różnym pH. Często obowiązkowe jest stosowanie konwencjonalnych metod rozwiązywania złożonych mieszanin, w szczególności technik chromatograficznych (krzemionka, tlenek glinu, żywice jonowymienne itp.) (Bruneton, 2009).

I.4.7. Aktywność biologiczna alkaloidów

I.4.7.1. Rola alkaloidów w roślinach

Rola alkaloidów w roślinach jest często nieznana, a ich znaczenie w metabolizmie rośliny jest niezbyt dobrze określone (Bhat *i in.*, 2005). Roślina może zawierać więcej niż sto różnych alkaloidów, ale na ogół ich stężenie nie przekracza 10% suchej masy. Istnienie roślin niezawierających alkaloidów dowodzi, że związki te najwyraźniej nie są niezbędne dla rozmnażania (Bhat *i in.*, 2005). Jednak kilka alkaloidów jest wysoce toksycznych i dlatego zapewniają ochronę chemiczną roślin przed atakiem zwierząt roślinożernych i mikroorganizmów (Mann *i in.*, 1994). Nikotyna hamuje wzrost larw tytonju, a czysty związek jest również stosowany jako skuteczny środek owadobójczy w szklarniach (Mann *i in.,* 1994). Ponadto alkaloidy chronią rośliny przed uszkodzeniami spowodowanymi przez promieniowanie UV. Posiadają one również rezerwuar substancji zdolnych do dostarczenia azotu lub innych fragmentów niezbędnych do rozwoju rośliny (Mauro, 2006).

I.4.7.2. Rola alkaloidów dla człowieka

Są to amidowe alkaloidy, które są najważniejsze w rodzaju związków *Piper*. Najbardziej znana jest piperyna (**60**) wyizolowana z liści *P. nigrum po raz* pierwszy, uznana za substancję przeciwgorączkową i przeciwzapalną (Lee *i in*., 1984). Reserpina z sarpagandhy (*Rawolfiaserpentina*) jest uznawana raczej za środek uspokajający i dimer niż za środek przeciwleukemiczny (Vercauteren, 2013). Halucynogenne zasady niektórych *grzybów* (Psilocybe i Stropharia, Agaricaceae) w składzie *teonanakatlu* Azteków to indoletanaminy (tryptaminy) utlenione: psilocybin (**116**), psilocybin (**112**). Kondensacja tryptamin z prostymi aldehydami tworzy trójpierścieniowe alkaloidy harmanowe szkieletu β-karboliny (**117**), harmaliny (**111**) lub harminy (**114**) Malpighiaceae (*Banisteriopsis*) używane do przygotowywania napojów halucynogennych (Vercauteren, 2013). Alkaloidy te są inhibitorami monoaminooksydazy, które wyjaśniają ich działanie mutacyjne i przeciwbólowe. Są to te same rodzaje cząsteczek, które powstają u ludzi w wyniku kondensacji aldehydu octowego. Eseryna (**110**) jest silnym parasympatomimetykiem, który hamuje acetylocholinesterazę i jest stosowany jako antidotum w zatruciach alkaloidami Solanaceae. Forma tlenkowa lub ezeerydyna (**115**), pozwala na wspomagające leczenie dyspepsji u dorosłych (Vercauteren, 2013).

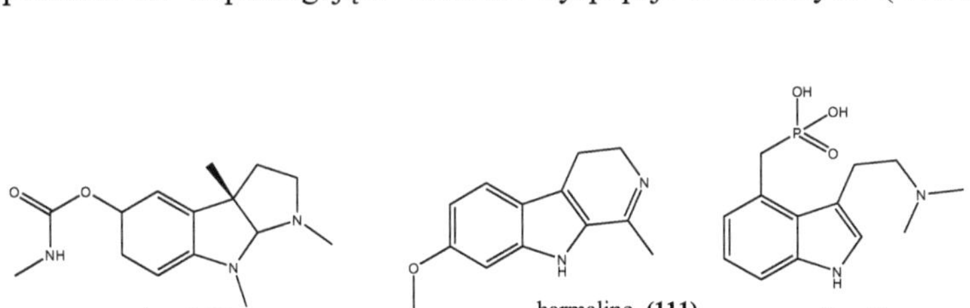

eserine **(110)**   harmaline **(111)**   psilocybine **(112)** harmane (113) harmine (114) eseridine (115)

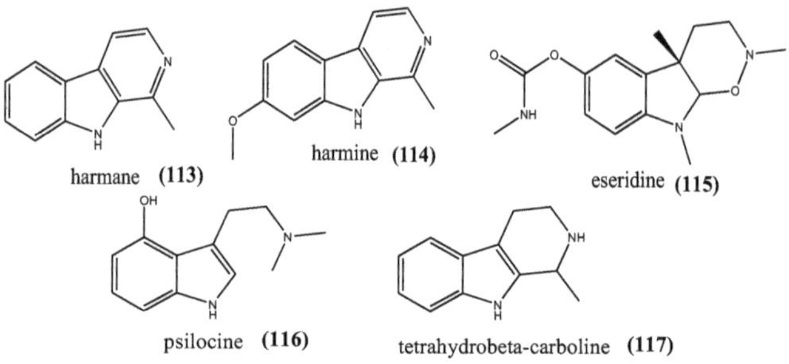

psilocine (116) tetrahydrobeta-carboline (117)

Rysunek 9: Niektóre indoliczne alkaloidy biologicznie aktywne

I.4.8. Charakterystyka alkaloidów indolicznych

Konwencjonalna analiza spektralna służy do wyjaśnienia struktury różnych klas alkaloidów indolicznych w poszczególnych rodzajach alkaloidów.

Widmo IR pokazuje pasma charakterystyczne dla niepodstawionego indola i 745 cm-1, łańcuch winylowy 918 cm-1 i 924 cm-1 metylenodioksyfenylu, karbonyl dla przypadku oksyndolu do 1705 cm-1, połączenie transowe pierścieni C i D (pasma Bohlmanna przy 2800 cm-1) (Angenon, 1978; Tabopda *i in.*, 2008).
Widmo ^{1H} NMR służy głównie do obserwacji sygnałów protonów części fenolowej oksindolu (7,15-10,01 ppm) oraz podstawników pierścienia indolowego (Tabopda *i in.*, 2008).

Konfigurację przestrzenną w C7 można również wywnioskować z wartości przesunięcia chemicznego C3 i C9 widm ^{13C} NMR. Węglowodory C3 i C9 mają wartość od 70,2 do 123,6 ppm (Angenon, 1978; Tabopda *i in.*, 2008). Zbyt niska rozpuszczalność niektórych alkaloidów szkieletu oksydolikaristolaktamu nie pozwala na pełne wykorzystanie widma $^{13C\ NMR}$ nawet po długotrwałej akumulacji (Rybalko-Rosen *i in.*, 2005).

Szeroko stosowanym spektrum masowym (MS) jest IE. Pokazuje ono SM porównywalne z tymi rozdrobnionymi bis-indole alkaloidami typu cinchophyllamine (Angenon, 1978). W szczególności alkaloidy arystolaktamu mają na swoich MS pików M+ 293 (95,6) 278,3 (96,7) 250,3 (54,0) 207,3 (38,6) 166,3 (69,2) 164,1 (100) 139,3 (59,8) 124,6 (40,1) 137,1 (55,7) 73,1 (48,1) (Urzúa *i in.*, 2013).

ROZDZIAŁ II: MATERIAŁY I METODY

II.1. Ogólne dane liczbowe

Do obróbki materiału roślinnego stosowano zwykłe techniki ekstrakcji i izolacji. Masy produktów mierzono przy użyciu wagi elektronicznej SWINS typu presicia 125 A. Widma w podczerwieni rejestrowano na urządzeniu SHIMADZU FTIR-8400S. Próbki stałe i ciekłe kojarzono odpowiednio z KBr i NaCl o długości fali wyrażonej w cm-1.

Widma protonu i węgla 13 NMR wykonano na spektrometrze Varian przy użyciu CDCl3 przy 400 i 600 MHz, a przesunięcia chemiczne podano w ppm z TMS jako wewnętrznym odniesieniem. Stałe sprzęgające (*J*) podano w Hertzach.

Różne techniki chromatografii kolumnowej przeprowadzono z użyciem żelu krzemionkowego Merck 60F254 (70-230 i 230-400 mesh, Darmstadt, Niemcy) lub żelu Sephadex LH-20 jako fazy stacjonarnej. Oczyszczanie i łączenie frakcji wymagało również zastosowania preparatu TLC GF254 o stopniu krzemionki zawierającym CaSO4. Do TLC użyto gotowych płytek krzemionkowych 60 GF254, które były wizualizowane światłem UV (254 lub 366 nm) lub jodem, albo spryskiwane 20% kwasem siarkowym i ogrzewane za pomocą suszarki elektrycznej.

II.2. Materiał roślinny

Części lotnicze (liście i łodygi) *P. umbellatum* zostały zebrane w styczniu 2014 roku w Bana w zachodnim regionie Kamerunu. Została ona zidentyfikowana w National Herbarium of Cameroon przez porównanie z okazem dostępnym pod numerem Voucher 2854 /SFR/Cam.

II.3. Wydobywanie i izolacja produktów

II.3.1. Wydobycie

Powietrzne części *P. umbellatum* zostały pocięte, wysuszone w temperaturze pokojowej, a następnie zmielone do uzyskania 4,1 kg proszku. Otrzymany proszek maceruje się przez trzy dni w 08 L 100% alkoholu etylowego. Po przefiltrowaniu i odparowaniu pod zmniejszonym ciśnieniem otrzymano 300 g surowego ekstraktu. 270 g tej próbki poddano ekstrakcji alkaloidów.

Ekstrakt surowy (270 g) został rozpuszczony w wodzie zakwaszonej kwasem siarkowym (pH: 3-4). Następnie pierwszą ekstrakcję wykonano za pomocą heksanu w celu utworzenia dwóch faz (organicznej i wodnej) oddzielonych różnicą gęstości. Następnie produkt był ekstrahowany octanem etylu w celu przeprowadzenia drugiej ekstrakcji. Otrzymano dwie fazy: fazę organiczną zawierającą materiał lipofilowy i kolejną zawierającą sole alkaloidowe. Fazę kwasową poddano basyfikacji w roztworze wodorotlenku amonu (pH: 8-9) w celu wytrącenia soli. Trzecia ekstrakcja odbyła się w chlorku metylenu, gdzie również powstały dwie fazy: zasadowa faza wodna i jedna organiczna zawierająca zasadowe i całkowite alkaloidy. Po rozdzieleniu, faza organiczna zawierająca CH2Cl2 została odparowana pod obniżonym ciśnieniem, a następnie wypłukana wodą destylowaną i ostatecznie wysuszona przy użyciu bezwodnego suszenia chemicznego (Na2SO4), gdzie otrzymano 9,2 g lub 3,4% alkaloidów ogółem. Protokół ekstrakcji i oczyszczania został podsumowany na schemacie **8** poniżej.

Po obróbce, ekstrakty z heksanem, chlorkiem metylenu i octanem etylu zostały połączone na podstawie analitycznej TLC, tworząc kolejny surowy ekstrakt o masie 115,5 g. Protokół izolacji i oczyszczania podsumowano w schemacie **9** poniżej.

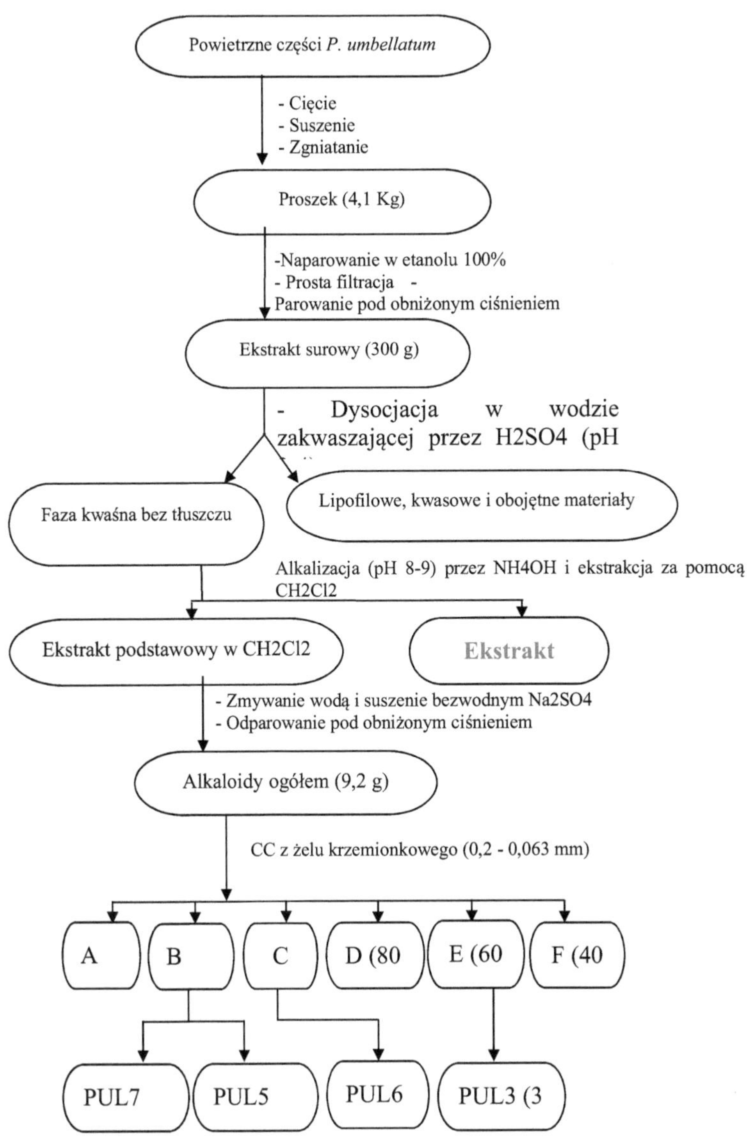

Schemat 8: Protokół ekstrakcji i oczyszczania całkowitej ilości alkaloidów z części napowietrznych *Piper umbellatum*

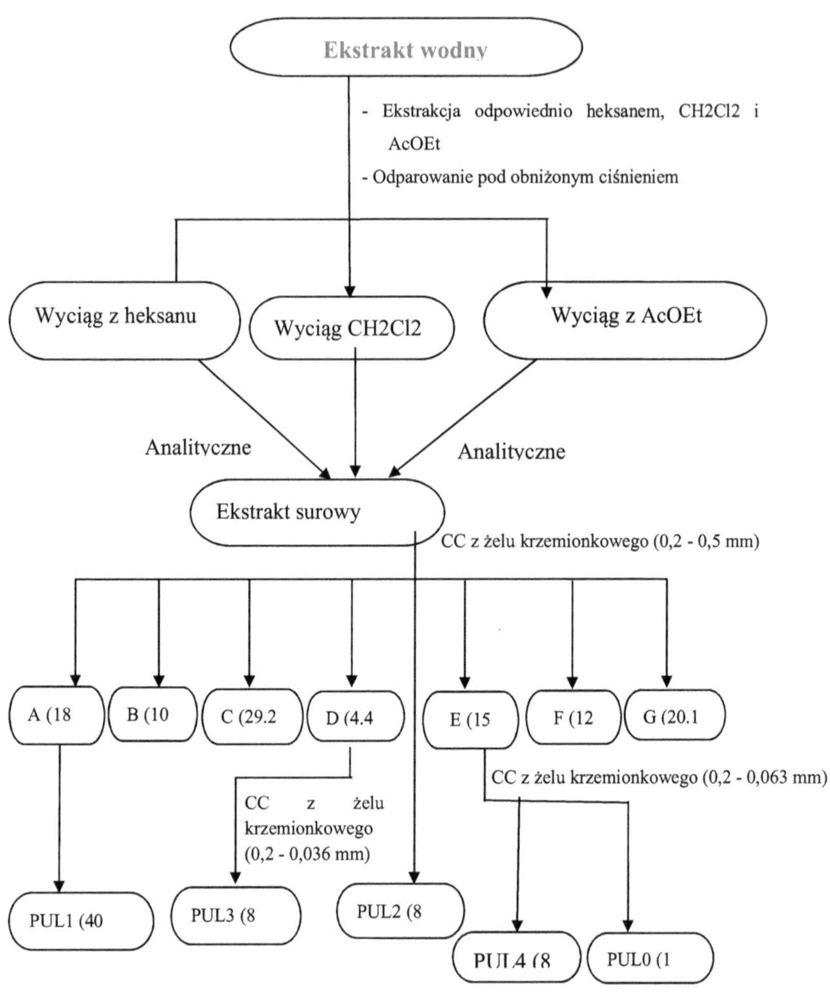

Schemat 9: Protokół oczyszczania innych związków z napowietrznych części *Piper umbellatum*

II.3.2. Izolacja produktów

II.3.2.1. Izolacja i oczyszczanie alkaloidów ogółem

Masa surowego ekstraktu (270 g) została poddana specjalnej obróbce w celu ekstrakcji alkaloidów, które dały masę 9,2 g alkaloidu całkowitego. 7,6 g rozpuszczono w heksanie i osadzono na żelu krzemionkowym oraz poddano frakcjonowaniu metodą chromatografii na żelu krzemionkowym (0,063 do 0,200 mm). Elucji dokonywano za pomocą układu Hex/ CH2Cl2, a następnie CH2Cl2/MeOH w rosnącej polaryzacji. Zebrane 100 mL frakcji zagęszczono i połączono na podstawie analitycznej TLC, dając 6 głównych frakcji zakodowanych od A do F, które pogrupowano w tabeli 5 poniżej.

Tabela 5: Frakcjonowanie chromatograficzne alkaloidów ogółem

System elucji CC	Ułamki	Przegrupowanie	Uwagi i pojedyncze produkty
Hex/CH2Cl2			
100	1-46	1-27 (A)	Mieszanka produktów oleistych
97 : 3	47-67	28-83 (B)	Mieszanina produktów + PUL7 + PUL 5 + chlorofil
94 : 6	68-78		
90 : 10	79		
85 : 15	80-100	84-128 (C)	Mieszanina kryształów + olej + (PUL6) + chlorofil
80 : 20	101-128		
75 : 25	129-151	129-208 (D) 209-241 (E)	Mieszanina wielu produktów w małych proporcjach + PUL3 + chlorofil
70 : 30	152-167		
65 : 35	168-175		
60 : 40	176-183		
50 : 50	184-196		
40 : 60	197-203		
30 : 70	204-213		
100	214-229		
CH2Cl2/MeOH			
95 : 5	230-241		
85 : 15	242-254	242-287 (F)	Mieszanka produktu w małych proporcjach
75 : 25	255-262		
65 : 35	263-269		
55 : 45	270-274		
100	275-287		

Frakcje 28-100 (2,5 g) skrystalizowano z heksanu i mieszaniny Hex/CH2Cl2. Po przefiltrowaniu i pogrupowaniu otrzymany proszek wypłukano za pomocą MeOH, co pozwoliło na wyizolowanie produktu o indeksie PUL7 (15 mg).

Otrzymany filtrat poddano następnie chromatografii żelowej na Sephadexie LH-20 w CH2Cl2/MeOH (1:1), która doprowadziła do otrzymania produktu PUL5 (15 mg).

Frakcję C (2 g) poddano chromatografii żelowej Sephadex LH-20 w CH2Cl2/MeOH (1:1), która doprowadziła nas do czterech subindeksowanych frakcji C1, C2, C3 i C4. Podfrakcja C1 składała się z mieszaniny tłuszczu. Po przejściu przez system CH2Cl2/MeOH (1:1) Sephadex LH-20 z frakcji C2, C3 i C4 w układzie CH2Cl2/MeOH (1:1) do frakcji C2, C3 i C4 w układzie Sephadex LH-20, a następnie przez kombinacje na bazie TLC, otrzymano stabilny olej żółty kodowany PUL6 (1 g).

Frakcja E (60 mg) została poddana chromatografii na żelu Sephadex LH-20 za pomocą systemu Hex/CH2Cl2/MeOH (7:4:0,5), przesączy i kombinacje różnych frakcji pod TLC pozwalają na wyizolowanie PUL3 (3 mg).

II.3.2.2. Izolacja i oczyszczanie innych produktów z surowego ekstraktu (113 g)

Po obróbce 270 g wyekstrahowanych alkaloidów ogółem, różne otrzymane ekstrakty (wyekstrahowane heksanem, chlorkiem metylenu i octanem etylu) odparowano pod zmniejszonym ciśnieniem i zmieszano w bazie TLC, tworząc kolejny ekstrakt o masie 115,5 g. Masę 113 g tego ekstraktu poddano chromatografii na żelu krzemionkowym (0,2-0,5 mm) przez układ Hex/CH2Cl2, a następnie CH2Cl2/MeOH w rosnącej polaryzacji. Zebrane 300 mL frakcji zagęszczono i połączono na podstawie analitycznej TLC w celu uzyskania 7 głównych frakcji zakodowanych od A do G (tabela **6**).

Tabela 6: Chromatogram frakcjonowania surowego ekstraktu (113 g)

System elucji CC	Ułamki	Przegrupowanie	Uwagi i pojedyncze produkty
Hex/CH2Cl2			
100	1-6	1-6 (A)	Tłuszcz + PUL1
90 : 10	7-14	7-14 (B)	Tłuszcz + mieszanka kryształów
80 : 20	15-22		
70 : 30	23-29	23-56 (C)	Chlorofil + mieszanka kryształów
50 : 50	30-39		
40 : 60	40-47		
30 : 70	48-56		
20 : 80	57-65	57-79 (D)	Mieszanina kryształów + PUL3
100	66-79		
CH2Cl2/MeOH			
95 : 5	80-86	80-96 (E)	Mieszanka produktów + PUL0 + PUL4
85 : 15	87-96		
75 : 25	97-115	97-115 (F)	Mieszanka + PUL2
55 : 45	116-122	116-134 (G)	mieszanka kryształów
100	123-134		

Frakcja A (1-6) skrystalizowała się w 100% w heksanie. Po filtracji i przemyciu heksanem otrzymano kodowany produkt PUL1 (40 mg).

We frakcjach 102-104 przez układ CH2Cl2/MeOH (75:25) obserwowano również wytrącanie się kryształów. Po przefiltrowaniu i przemyciu metanolem otrzymano zakodowany produkt o czystości PUL2 (8 mg).

Frakcja E (15 g) została poddana chromatografii na żelu krzemionkowym (0,200 do 0,063 mm) przez układy Hex/CH2C12, a następnie CH2C12/AcOEt w rosnącej polaryzacji. Frakcje Sub 50 mL zebrano i odparowano pod zmniejszonym ciśnieniem, a następnie pogrupowano w oparciu o podstawową analityczną TLC. Frakcje te, subfrakcje 12-13, wytrącono w octanie etylu. Filtracja, a następnie płukanie białych i amorficznych produktów tych dwóch frakcji pozwoliło na wyizolowanie PULO (1 mg).

Podfrakcja 31-45 (2 g) została rozpuszczona w układzie Hex/CH2C12/MeOH, a następnie wielokrotnie przepuszczona przez żel Sephadex w układzie Hex/CH2C12/MeOH w proporcjach (7:4:0,5) w celu oddzielenia chlorofilu. Po połączeniu różnych frakcji otrzymaliśmy produkt indeksowany PUL4 (3 mg).

Frakcja D (4,4 g) została poddana chromatografii na żelu krzemionkowym poprzez układy Hex/CH2C12, a następnie CH2C12/MeOH w rosnącej polaryzacji. Otrzymano czysty produkt kodowany PUL3 (8 mg).

II.4. Badania analityczne

- **Test Liebermana Burcharda na identyfikację steroli i terpenoidów**

W probówce badawczej rozpuszczono 1 mg produktu w małej ilości chloroformu. Do tego roztworu dodano 1 mL bezwodnika octowego i 1 mL kwasu siarkowego (H2SO4). Obecność terpenów objawia się pojawieniem się purpurowoczerwonego koloru, a steroli pojawieniem się niebieskiego koloru (Wagner *i in.*, 1984).

- **Test na obecność chlorku żelaza (III) (FeCl3) do identyfikacji grup fenolowych**

W probówce badawczej rozpuszczono 1 mg produktu w 3 ml etanolu. Do otrzymanego roztworu dodano 3 krople FeCl3. Obecność fenoli objawia się powstawaniem kompleksu $[Fe(OAr)_6]^{3-}$, który jest fioletowy lub zielonkawo niebieski (Wagner *i in.*, 1984).

- **Test Mayera do identyfikacji alkaloidów**

Suchą pozostałość po odparowaniu analizowanego ekstraktu maceruje się w 3 mL 2N kwasu chlorowodorowego (HCl). Otrzymany w ten sposób roztwór umieszcza się w dwóch próbówkach, z których pierwsza służy jako próbka kontrolna. Do drugiej probówki dodaje się pięć kropli odczynnika Mayera. Pojawienie się flokulacji lub osadu wskazuje na obecność alkaloidów (Wagner *i in.*, 1984).

- **Test Dragendorffa do identyfikacji alkaloidów**

Przygotować roztwór 0,85 g azotanu bizmutu i 10 g kwasu winowego w 40 ml wody (roztwór A) oraz roztwór zawierający 16 g KI w 40 ml wody (roztwór B). Przygotować natychmiastową mieszaninę 5 ml A, 5 mL B, 100 mL wody i 20 g kwasu winowego. Rozpylić mieszaninę na płytkę TLC. Alkaloidy występują w postaci pomarańczowych plam (Wagner *i in.*, 1984).

ROZDZIAŁ III: WYNIKI I DYSKUSJA

III.1. Identyfikacja produktu wyodrębnionego

III.1.1. Identyfikacja PUL6

Zakodowany związek PUL6 otrzymano w stabilnej postaci olejku żółtego w mieszaninie Hex/CH_2Cl_2 (75:25) i jest on rozpuszczalny w CH_2Cl_2. Reaguje on dodatnio na próbę z chlorkiem żelazowym charakterystycznym dla polifenoli. Jego widmo IR (rys. **10**) wykazuje charakterystyczne pasmo absorpcji przy vmax 3516 (OH), 1629-1606 (C=C) i 1254 (CO).

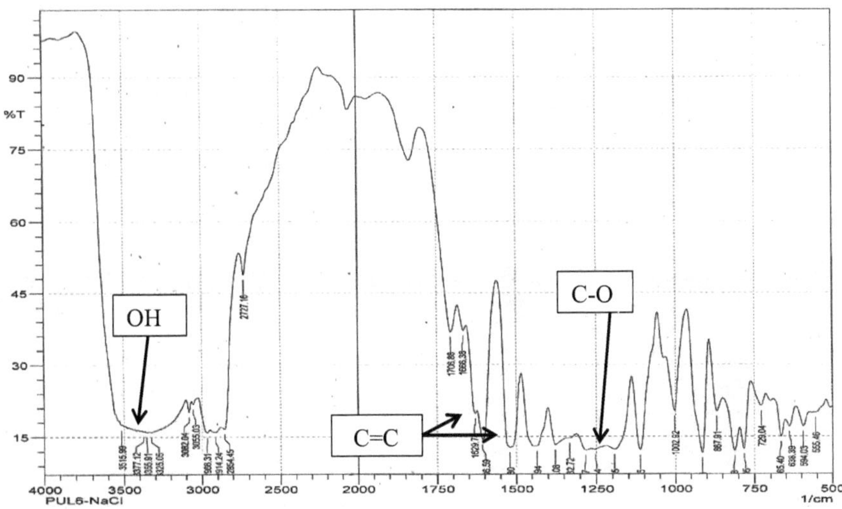

Rysunek 10: Widmo IR PUL6 (NaCl, vmax)

Analiza wszystkich tych danych spektroskopowych pozwoliła na ustalenie struktury tego związku (**118)** odpowiadającej wzorowi molekularnemu $C_{21}H_{30}O_2$ o siedmiu równoważnikach wiązań podwójnych.

(118)

Rzeczywiście, jego widmo ¹H NMR (rysunek **11**) wskazywało, wśród innych charakterystycznych sygnałów aromatycznych protonu układu ABX, na δ 6,87 (d, *J* = 4 Hz, H-3'); 6,80 (d, *J* = 8 Hz, H-6') i 6,75 (dd, *J* = 4; 8 Hz, H-5'). Obserwowaliśmy również sygnały pięciu protonów etylenu, w tym trójkąta w temperaturze δ 5,13 (t, *J* = 8 Hz, H-6, H-10) oraz trzech dubletów rozszczepionych w temperaturze δ 5,99 (dd, *J* = 12; 16 Hz, H-2), δ 5,09 (dd, *J* = 0,5; 12 Hz, H-1b) oraz δ 5,06 (dd, *J* = 0,5; 16 Hz, H-1a). Ponadto, zaobserwowano również sygnały czterech metylowych singletów o wartościach δ 1.63 (H-12); 1.33 (H-13); 1.71 (H-14) i 1.55 (H-15) charakterystyki fragmentu seskwiterpenu (Kelly, 2013).

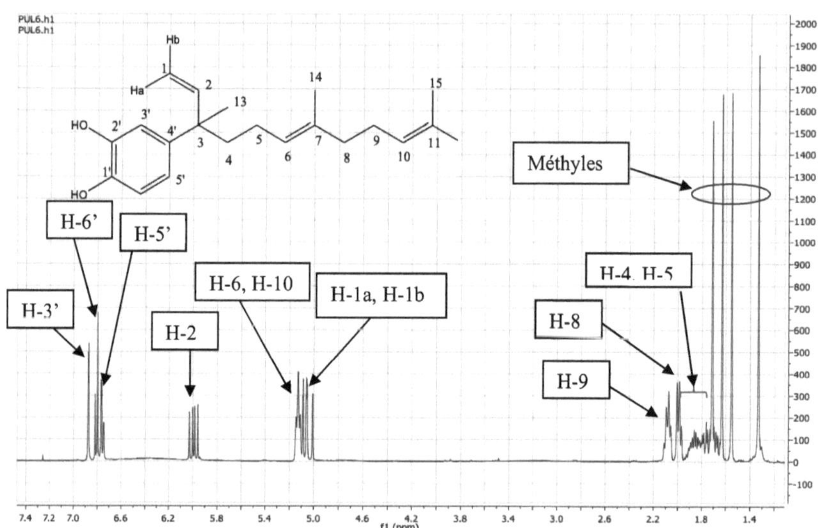

Rysunek 11: Widmo ¹H NMR (CDCl3, 400 MHz) PUL6

W rzeczywistości jego widmo ^{13C} NMR (Rysunek **12**) wykazywało sygnały 21 atomów węgla, w tym 6 charakterystyk aromatycznych fragmentu katecholicznego w δ 143,4 (C-2'); 141,4 (C-1'); 141,5 (C-4'); 119,3 (C-5'); 115,5 (C-3') i 114,7 (C- 6') (Kelly *i in.*, 2013). Ponadto, zaobserwowaliśmy sygnał 6 węgli etylenu w *δ* 147,2 (C-2) 111,7 (C-1) 124,8 (C-6); 135,1 (C-7); 124,6 (C-10) i 131,5 (C-11), a także sygnały czterech metylów seskwiterpenowych w δ 23,4 (C-13); 25,1 (C -12); 17,9 (C-15) i 16,1 (C-14) (Kelly i in., 2013).

Dane te są zgodne z danymi opisanymi w literaturze (tab. **7**) dla wyizolowanego wcześniej 4'-nerolidylokatecholu *P. umbellatum* autorstwa Kelly *i wsp.*, (2013).

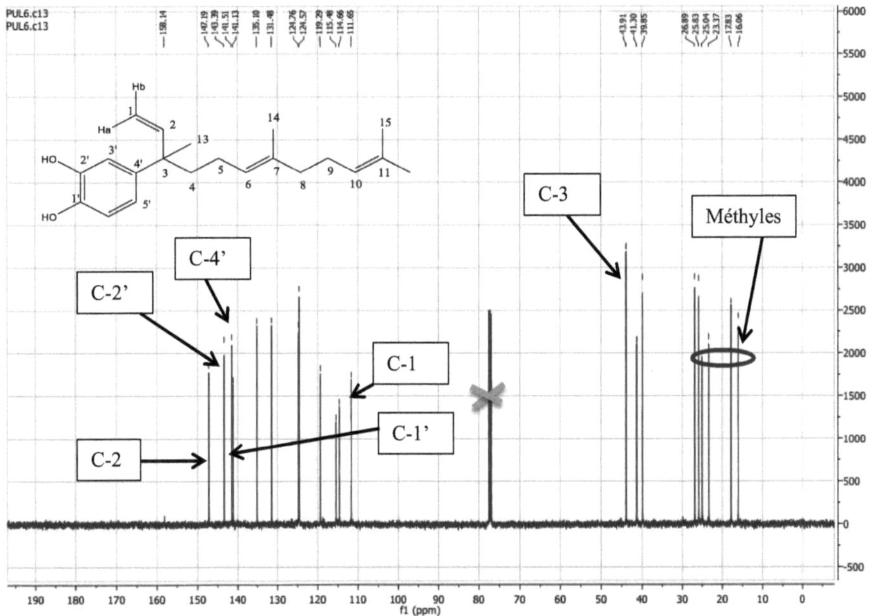

Rysunek 12: Widmo ^{13C} NMR (CDCl3, 100 MHz) PUL6

Tabela 7: Dane $^{1H\ NMR}$ (CDCl3, 400 MHz) i ^{13C} NMR (CDCl3, 100 MHz) PUL6 w porównaniu z ^{1H} NMR (CDCl3, 500 MHz) i ^{13C} NMR (CDCl3, 125 MHz) (Kelly *i in.*, 2013) dla 4'-nerolidylokatecholu (δ w ppm).

	PUL6		Literatura	
Stanowisko	*δH* (wielokrotności, *J* (Hz)	*δC*	*δH* (wielokrotności, *J* (Hz)	*δC*
1a	5.06 (dd, 16; 0.5)	111.7	5.01 (dd, 17.5; 1.4)	111.7
1b	5.09 (dd, 12; 0.5)	111.7	5.06 (dd, 10.8; 1,4)	111.7
2	5,99 (dd, 16; 12)	147.2	5.97 (dd, 17.5; 10.8)	147.2
3	-	43.9	-	43.9
4	1,76 (m)	39,9	1,75; 1,64 (m)	39,9
5	1,86 (m)	26,9	1,85; 1,77 (m)	26,9
6	5,13 (t, 8)	124,8	5,10 (m)	124,7
7	-	135,1	-	135,2
8	1,99 (t, 8)	41,3	1,94 (t, 7,2)	41,3
9	2,09 (q, 8)	25,8	2,04 (dt, 7,8; 7,2)	25,9
10	5,13 (t, 8)	124,6	5,09 (m)	124,5
11	-	131,5	-	131,6
12	1,63 (s)	25,1	1,67 (dq, 1,0; 0,4)	25,1
13	1,33 (s)	23,4	1,31 (s)	23,3
14	1,71 (s)	16,1	1,51 (d, 0,8)	16,1
15	1,55 (s)	17,9	1,59 (dq, 1,0; 0,4)	17,9
1’	-	141,4	-	141,4
2’	-	143,4	-	143,2
3’	6,87 (d, 4)	115,4	6,84 (d, 2,3)	115,2
4’	-	141,5	-	141,1
5’	6,75 (dd, 8; 4)	119,3	6,74 (dd, 8,4; 2,3)	119,3
6’	6,80 (d, 8)	114,7	6,79 (d, 8,4)	114,4

III.1.2. Identyfikacja PUL7

PUL7 występuje w postaci białego proszku w mieszaninie Hex/EtOAc (95:5) i jest rozpuszczalny w CH2Cl2. Reagował dodatnio na test Liebermanna Burcharda charakterystyczny dla sterydów. Zidentyfikowano go jako mieszaninę β-sitosterolu (**119**) i stigmasterolu (**120**) o empirycznym wzorze C29H50O (pięć równoważników podwójnego wiązania) i C29H48O (sześć równoważników podwójnego wiązania). Identyfikacji dokonano głównie poprzez porównanie na analitycznej TLC z autentyczną próbką dostępną w naszym laboratorium. Jego widmo IR (rys. **13**) przedstawiało pasma absorpcji grup OH (vmax 3398 cm-1) C=C (vmax 1624 cm-1) i CO (vmax 1076 cm-1).

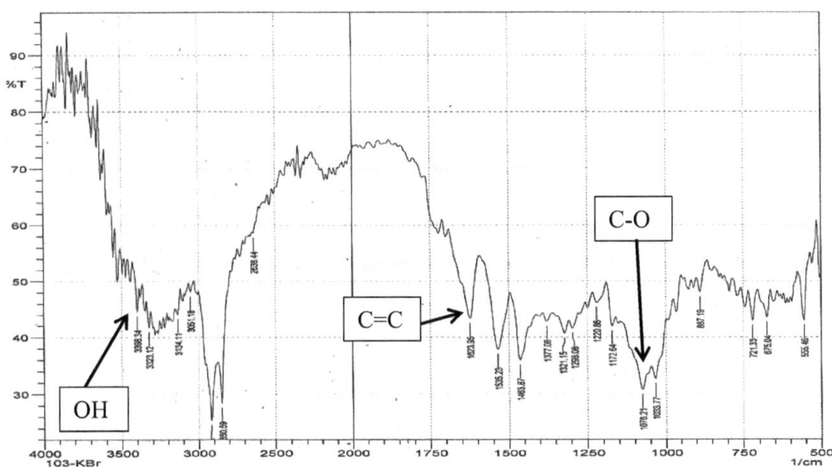

Rysunek 13: Widmo PUL7 IR w KBr (vmax)

(119) **(120)**

III.1.3. Identyfikacja PUL3

Kodowany związek PUL3 ma postać proszku pomarańczowego w heksanie i jest rozpuszczalny w MeOH. Odpowiadał on pozytywnie na testy Dragendorffa i Mayera, cechy alkaloidów. Widmo IR (rysunek **14**) wykazało charakterystyczne pasma absorpcji w vmax 1655 (C=O), 1591 (C=C); 1367 (C-N), 1246 (C-O) i 1045 (O-CH2-O).

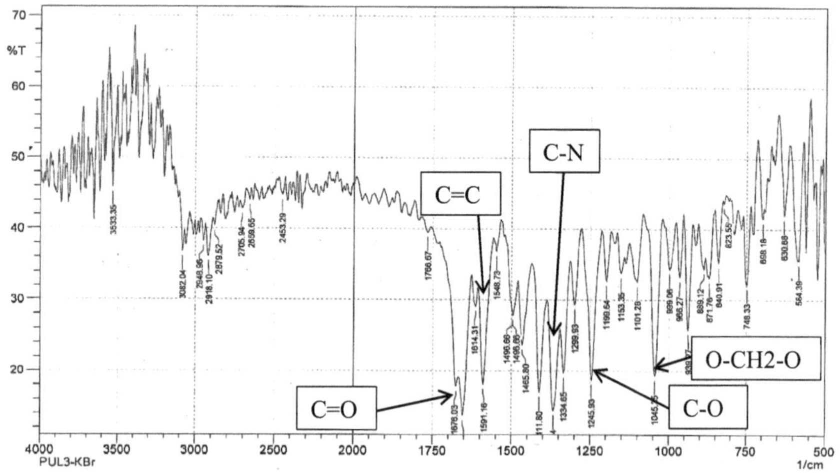

Rysunek 14: Widmo IR PUL3 (KBr, vmax)

Analiza wszystkich tych danych spektroskopowych pozwoliła na ustalenie dla tego związku PUL3 następującej struktury o wzorze empirycznym C17H11O4N, posiadającego trzynaście odpowiedników wiązań podwójnych.

(121)

Rzeczywiście, jego widmo [1H] NMR (Rysunek **15**) wykazało 6 protonów aromatycznych z dwoma rozszczepionymi dubletami przy δ 9,01 (dd, *J* = 4; 8 Hz, H-5) i 7,90 (dd, *J* = 4; 8 Hz, H-8); dwa singlety przy *δ* 8,15 (s, H-2) i 7,50 (s, H-9) oraz multiplet przy δ 7,68 (m, H-6, H-7). Wykazał także sygnał metylenodioksyczności w δ 6,46 (s, H-13) oraz metoksyczności w δ 3,85 (s, H-14).

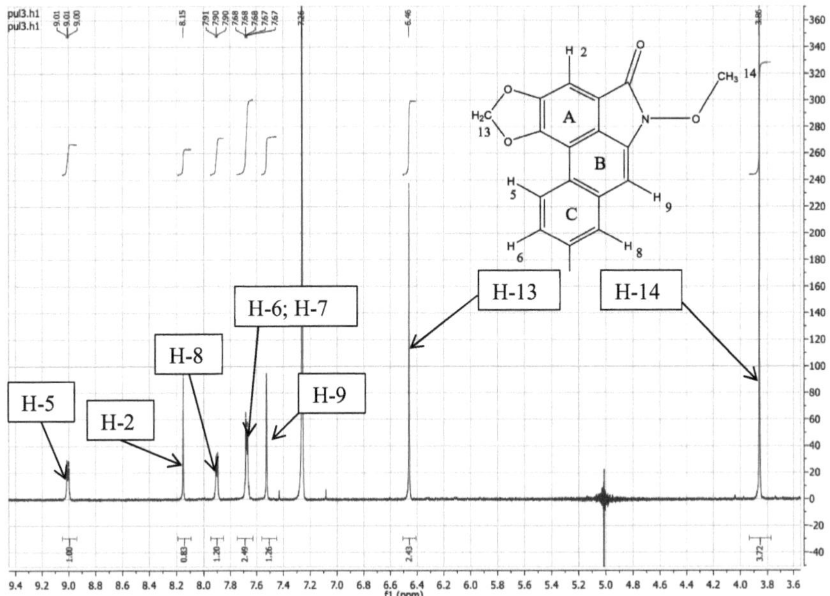

Rysunek 15: Widmo [1H] NMR PUL3 (CDCl3, 600 MHz)

Jego spektrum [1H-1H] COSY umożliwia (rysunek **16**) identyfikację różnych układów protonów cząsteczki znajdującej się pomiędzy H-5 i H-6 z jednej strony a H-8 i H-7 z drugiej. Pozwoliło nam to uzasadnić rozmieszczenie tych protonów.

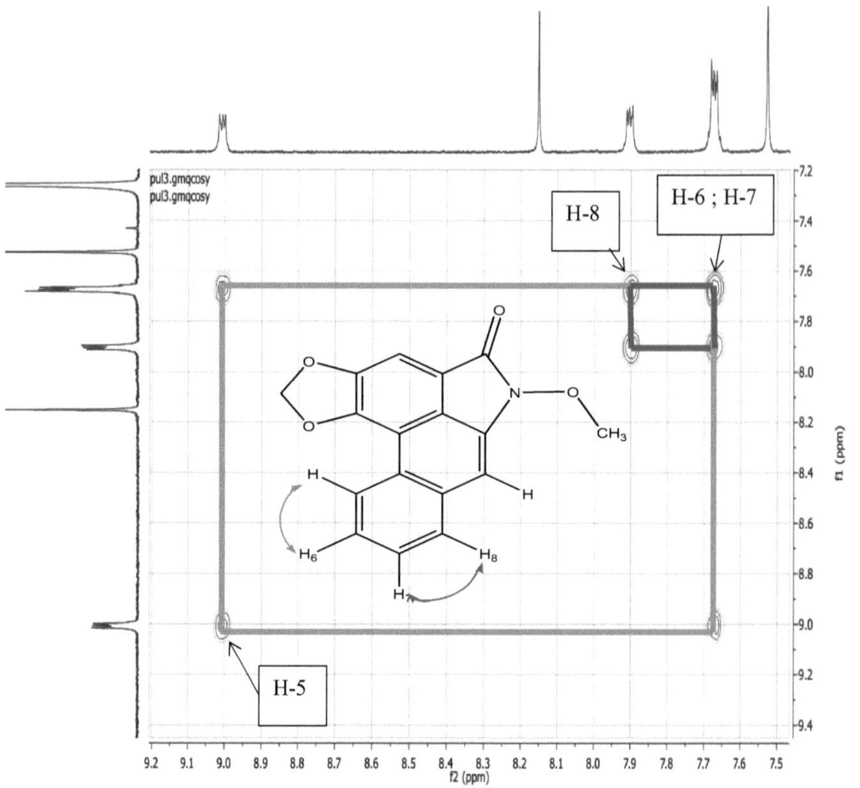

Rysunek 16: COSY $^{1H-1H}$ widma PUL3 (CDCl3)

Jego widmo ^{13C} NMR (Rysunek **17**) ze względu na słabą akumulację czasową związku nie czyni go całkowicie użytecznym. Niemniej jednak przedstawia ono sygnał o wartości δ 102,4 (C-13) charakterystyczny dla metylenodioksji, jak również zestaw sygnałów odpowiadających sygnałom węgla aromatycznego występującym w zakresie od δ 105,0 do δ 155,0 ppm.

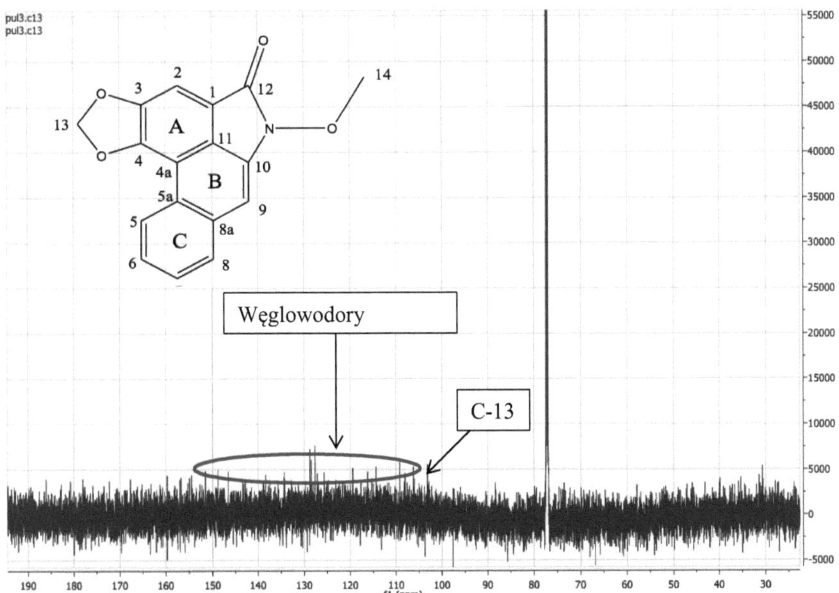

Rysunek 17: Widmo ^{13C} NMR PUL3 (CDCl3, 150 MHz)

Jego widmo HSQC (Rysunek **18**) pozwoliło nam na zamocowanie każdego protonu na węglu, który go przenosi. W ten sposób proton H-5 jest przymocowany do węgla w temperaturze δ 125.1 (C-5); proton H-2 jest przymocowany do węgla w temperaturze δ 109.3 (C-2); protony H-6 i H-7 są przymocowane do węgla w temperaturze δ 127.9 (C-6, C-7); proton H-9 jest przymocowany do węgla w temperaturze δ 106.2 (C-9); i wreszcie, proton H-13 jest przymocowany do węgla w temperaturze δ 103.0 (C-13).

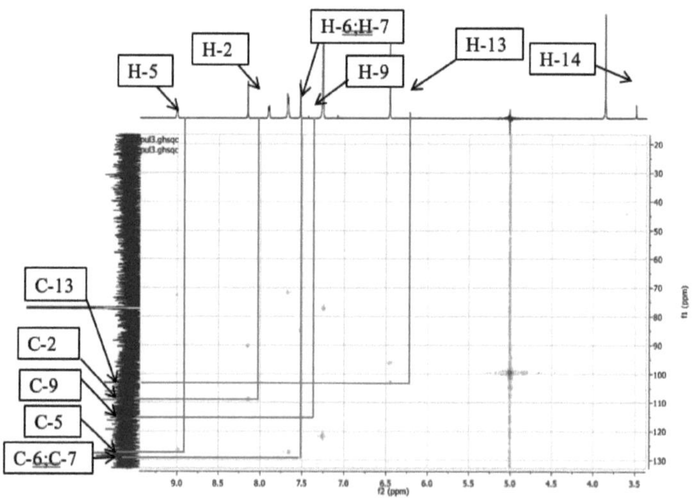

Rysunek 18: Widmo HSQC dla PUL3 (CDCl3)

Jego widmo HMBC (Rysunek **19**) zidentyfikowało i uzasadniło położenie amidku karbonylowego w δ 158,2 (C-12) z punktem korelacji obserwowanym z protonem H-14. Zaobserwowano również istotną korelację między tymi plamami, zwłaszcza między protonem H-2 i węglem C-4 oraz C-11; H-9 i węglami C-10, C-8, C-5a i C-11, co może potwierdzić szkielet arystolaktamu (Tabopda *i in.*, 2008). Ponadto zaobserwowano również korelacje pomiędzy protonem H-13 a węglem C-3 i C-4, uzasadniające obecność i pozycję metylenodioksyfenylu. Widmo to wykazało również korelację między protonami H-14 a węglami C-12 i C-10; H-8 i węglami C-6 i C-7, a także między H-5 i węglem C-8. Wszystkie te korelacje spotów pokazano na schemacie **10** poniżej.

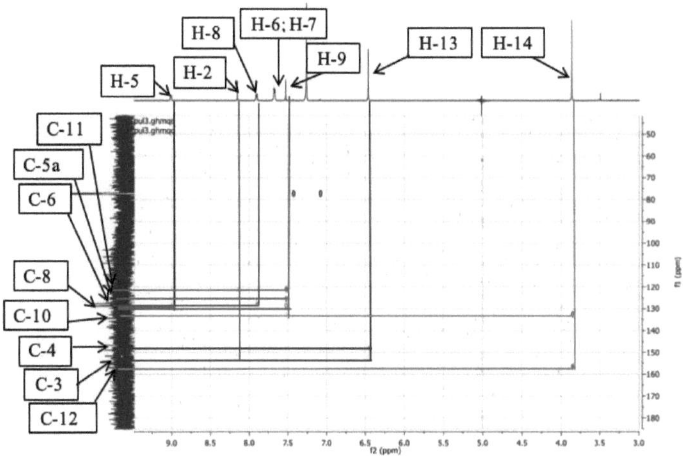

Rysunek 19: Widmo HMBC dla PUL3 (CDCl3)

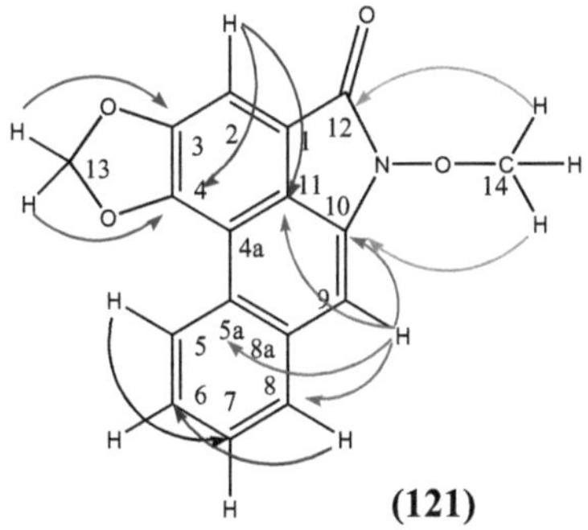

(121)

Schemat 10: Niektóre korelacje HMBC z PUL3

Wszystkie te dane są zgodne z danymi z piśmiennictwa (tab. **8**) dotyczącego piperumbellactamu D wyizolowanego wcześniej z *P. umbellatum* przez Tabopda *i wsp.,* (2008).

Tabela 8: Dane dotyczące $^{1H\ NMR}$ (CDCl3, 600 MHz) i ^{13C} NMR (CDCl3, 150 MHz) PUL3 w porównaniu z ^{1H} NMR (DMSO-d6, 300 MHz) i ^{13C} NMR (DMSO-d6, 75 MHz) (Tabopda *i in.,* 2008) piperumbellactam D (δ w ppm).

	PUL3		Literatura	
Stanowisko	*δH* (wielokrotności, *J* (Hz))	*δC*	*δH* (wielokrotności, *J* (Hz))	*δC*
1	-	121.9	-	121.9
2	8.15(s)	109.3	7.92 (s)	108.0
3	-	149.3	-	144.7
4	-	151.0	-	147.0
4a	-	120.3	-	120.3
5	9.01 (dd, 8; 4)	125.1	9.11 (dd, 6; 3)	125.7
5a	-	125.1	-	125.7
6	7.68 (m)	127.9	7.59 (m)	127.1
7	7.68 (m)	127.9	7.59 (m)	127.9
8	7.90 (dd, 8; 4)	129.8	7.90 (dd, 6; 3)	129.3
8a	-	134.7	-	134.7
9	7.50 (s)	106.2	7.13 (s)	106.2
10	-	134.5	-	134.8
11	-	121.0	-	122.3
12	-	158.5	-	168.9
13	6.46 (s)	103.0	6.28 (s)	102.4
14	3.86 (s)	58.5	4.08 (s)	63.4

III.2. Częściowa identyfikacja pozostałych związków

III.2.1. Częściowa identyfikacja PUL5

Kodowany związek PUL5 otrzymano w postaci białego proszku w CH2Cl2/MeOH (1:1) i rozpuszczono w CH2Cl2. Reagował on pozytywnie na test Liebermanna Burcharda purpurowoczerwonym kolorem, charakterystycznym dla terpenów niesteroidowych. Widmo IR (rysunek **20**) posiada charakterystyczne pasmo absorpcji przy vmax 1697 (C=O) amid, 1450 (C-N) i 1254 (C-O).

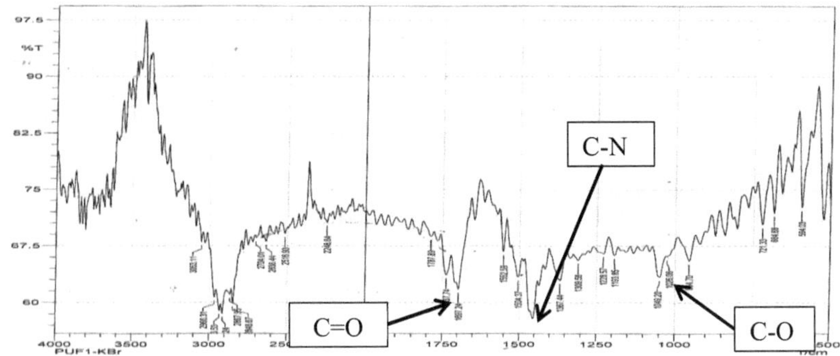

Rysunek 20: Widmo IR PUL5 (KBr, νmax)

Rzeczywiście, jego widmo [1H] NMR (rysunek **21**) posiada charakterystyczne sygnały pomiędzy innymi protonami etylenowymi w zakresie δ 5,36 (ld, H-6); δ 5,15 (m, H-22) oraz δ 5,03 (m, H-23). W aglikonie steroidowym zaobserwowaliśmy również multiplet o wartości δ 3,51 (m, H-3) oraz mnogość sygnałów charakterystycznych.

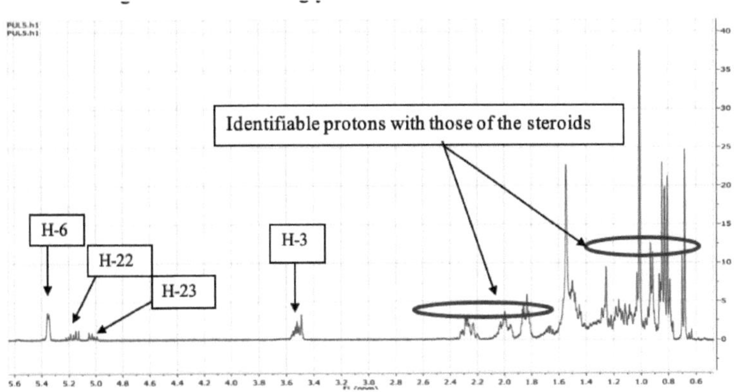

Rysunek 21: Widmo [1H] NMR PUL5 (CDCl3, 400 MHz)

Analiza tych danych spektroskopowych i badań chemicznych pozwoliła nam podejrzewać, że produkt PUL5 może być alkaloidem mającym szkielet sterydowy lub złożoną mieszaninę sterydów.

III.2.2. Częściowa identyfikacja PUL1

Kodowany związek PUL1 otrzymano w postaci białego proszku w heksanie i rozpuszczono w ciepłej mieszaninie CH2Cl2/MeOH. Reagował on pozytywnie na test Dragendorffa charakterystyczny dla alkaloidów. Jego widmo IR (rysunek **22**) wykazało charakterystyczne pasma absorpcji w *vmax* 1705 (C=O), 1468 (C-N) i 1301 (C-O).

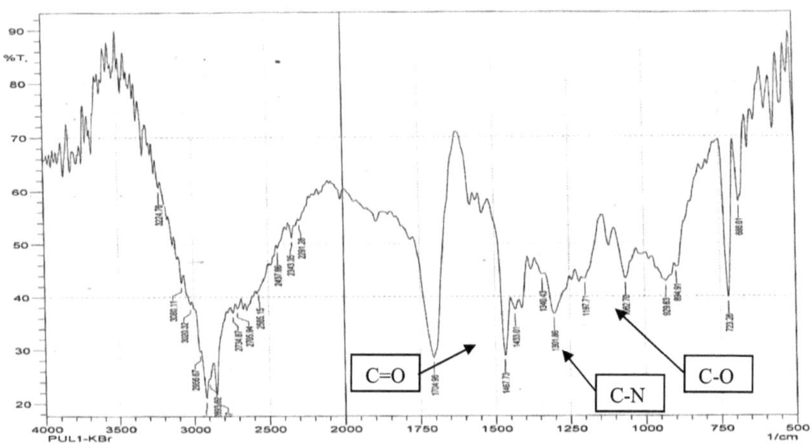

Rysunek 22: Widmo IR PUL1 (KBr, vmax)

Rzeczywiście, jego widmo ^{1H} NMR (Rysunek **23**) pokazało pomiędzy innymi sygnałami charakterystycznymi dla protonu przy δ 3.65 (t), 2.30 (t), 1.70 (t), 1.68 (t) i 0.80 (t).

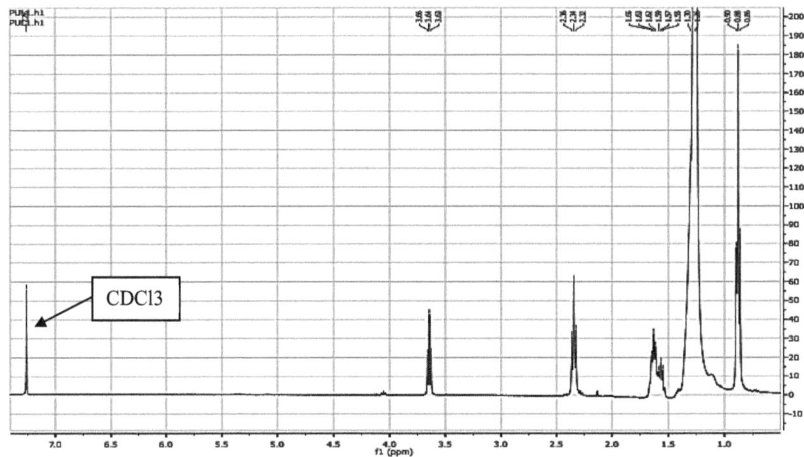

Rysunek 23: Widmo ^{1H} NMR PUL1 (CDCl3, 400 MHz)

Analiza tych danych spektroskopowych i testów chemicznych pozwoliła nam podejrzewać, że produkt PUL1 może być alkoholem alifatycznym.

III.2.3. Częściowa identyfikacja PUL2

Zakodowany związek PUL2 został otrzymany w postaci brązowego proszku w MeOH i rozpuszcza się w ciepłej mieszaninie CH2Cl2/MeOH. Reagował on pozytywnie na badania właściwości alkaloidów Dragendorffa i Mayera. Widmo IR (rysunek **24**) nie wykazało prawie żadnych charakterystycznych pasm absorpcji, ale nadal obserwujemy kilka pasm przy vmax 1462-1369 (C-N) i 1074-1022 (C-O).

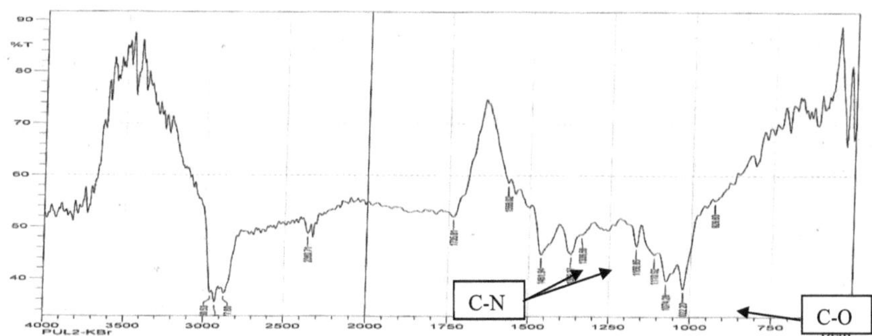

Rysunek 24: Widmo IR PUL2 (KBr, vmax)

Analiza jego widma IR oraz testy chemiczne pozwoliły nam podejrzewać, że produkt PUL2 może być alkaloidem.

III.2.4. Częściowa identyfikacja PUL4

Zakodowany związek PUL4 otrzymano w postaci żółtego proszku w CH2Cl2/MeOH (1:1) i rozpuszczono w MeOH. Reagował on pozytywnie na badania właściwości alkaloidów Dragendorffa i Mayera. Jego widmo IR (rysunek **25**) wykazywało charakterystyczne pasmo absorpcji przy vmax 1693 (C=O) amidów i 1377 (C-N).

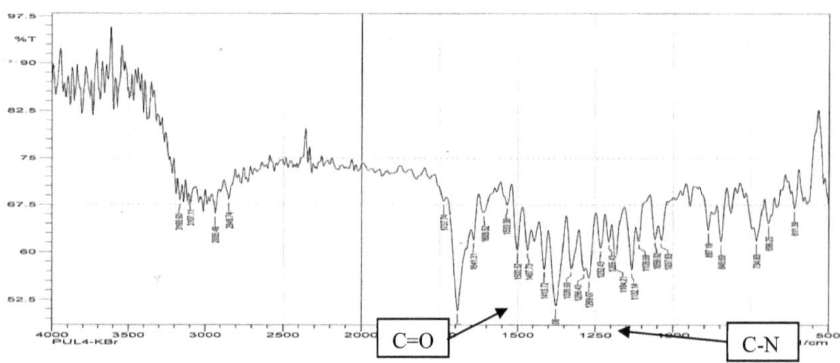

Rysunek 25: Widmo IR PUL4 (KBr, vmax)

W przypadku badań chemicznych, analizy widma IR i porównania tego widma z widmem PUL3 możemy podejrzewać, że produkt PUL4 może być alkaloidem arystolaktamu, a dokładnie piperumbellaktamem.

ROZDZIAŁ IV: ZNACZENIE PEDAFIZYCZNE

Pedagogika według nowej Encyklopedii Britannica jest nauką, która bada procesy uczenia się człowieka i zastosowanie zasady uczenia się do rozwoju celów edukacyjnych. Pokazuje to zatem, jak nasza praca badawcza może być korzystna dla całej społeczności edukacyjnej.

IV.1. Cele

Zainteresowanie tą pracą jest rejestrowane w kontekście ochrony środowiska i jego bogactwa. Edukacja w zakresie ochrony środowiska ma na celu podniesienie indywidualnej odpowiedzialności w zakresie ochrony i poprawy stanu środowiska. Dzięki temu ludzie będą mogli dostosować swoje zachowania i działania do standardów zapewniających bezpieczeństwo środowiska (Wane, 1996). Umożliwi im to również lepsze zrozumienie roślin, zwłaszcza tych, które mają znaczenie medyczne, ich zastosowań i związanego z nimi ryzyka, jeśli nie będą wiedzieć o ich toksyczności.

Niniejszy rozdział ma na celu poinformowanie całej społeczności edukacyjnej, a w szczególności instytucji szkolnictwa powszechnego poprzez lekcję chemii poświęconą środowisku naturalnemu, skoncentrowaną na kilku celach: o zagrożeniach wynikających z niszczenia naszego środowiska, o znaczeniu roślin dla ludzi i zwierząt. Następnie sprawić, aby ta społeczność edukacyjna zrozumiała, ich niekorzystne zachowania wobec degradacji środowiska. Wreszcie, pomoże to uczniom zrozumieć znaczenie roślin i ich zastosowania jako leków, żywności i pestycydów. Możemy wymienić na przykład *Piper umbellatum*, który jest używany jako tradycyjne leki, żywność (warzywa) i środki owadobójcze.

Wiedząc, że nasz system edukacyjny stał się podejściem opartym na kompetencjach, a nauczanie ma tendencję do bezpośredniego zastosowania w społeczeństwie; cele te można podsumować następująco:

- Świadomość problemów środowiska naturalnego przez społeczność edukacyjną i ich odpowiedzialność za spowodowanie tego problemu;
- Wiedza o tym, jak chronić środowisko naturalne poprzez ochronę roślin;

- Wiedza o niektórych roślinach jako ważnych lub niebezpiecznych dla człowieka;
- Wiedza i szacunek dla roślin poprzez nabywanie nowych umiejętności, czyli jak je wykorzystać;

Praca ta pozwala społeczności edukacyjnej na rozwój wiedzy i opanowanie znaczenia otaczających nas roślin.

IV.2. Implikacje pedagogiczne

Napisanie tej rozprawy pozwoliło nam na pogłębienie naszej wiedzy i wiedzy na temat chemicznych właściwości roślin leczniczych. Pozwoli nam to na to:

- Lepiej przyswoić sobie niektóre lekcje z chemii, zwłaszcza te dotyczące metody separacji, analizy spektroskopowej i syntezy organicznej;
- Odwiedź i przeczytaj wiele książek, artykułów i prac dyplomowych, aby mieć wiedzę na temat terpenów, zwłaszcza tych z sesquiterpernes i alkaloidów, które dały nam możliwość lepszego przygotowania lekcji;
- Przedstawić pracę naukową, która zwiększy nasze możliwości w zakresie innych prac badawczych w przyszłości;
- Opracowanie kursów z chemii i fizyki w różnych szkołach i uczelniach;
- Połącz teorię z praktyką;
- Posiadają dobrą wiedzę na temat sprzętu laboratoryjnego;
- Wiedzą, jak używać sprzętu laboratoryjnego;
- Lepiej wyjaśnić różne zjawiska obserwowane podczas manipulacji laboratoryjnej;

Wreszcie, praca ta przyczyni się do edukacji mieszkańców Kamerunu na temat znaczenia, zagrożeń i składników chemicznych *Piper umbellatum*, która jest kameruńską rośliną leczniczą.

WNIOSKI I PERSPEKTYWY

Badanie to jest częścią wkładu do badań fitochemicznych *Piper umbellatum*. Roślina ta jest stosowana jako dodatek do żywności i jest również szeroko stosowana w tradycyjnej kameruńskiej medycynie w leczeniu wielu chorób, takich jak żółtaczka, kiła, zaburzenia miesiączkowania, hemoroidy wewnętrzne i zewnętrzne itp. Naszym celem było wyizolowanie i oczyszczenie wtórnych metabolitów, w szczególności alkaloidów. Z ekstraktu etanolowego z części napowietrznej *Piper umbellatum*, mogliśmy wyizolować osiem produktów zakodowanych od PUL0 do PUL7.

Oznaczanie struktury wyizolowanych produktów wykonano przy użyciu technik fizykochemicznych i spektroskopowych, w tym spektroskopii IR i NMR 1D (^{1H} i ^{13C}) oraz 2D NMR (COSY $^{1H\text{-}1H}$, HSQC i HMBC). PUL7 zidentyfikowano poprzez porównanie TLC mieszaniny β-sitosterolu (**135**) i stigmasterolu (**136**). Charakterystyki produktów PUL6 (**134**) i PUL3 (**137**) wykonano przy użyciu konwencjonalnych technik spektroskopowych oraz porównując ich dane z danymi z literatury. Dane te posłużyły do zidentyfikowania PUL6 jako 4'-nerolidylokatechol 4'-(1,5,9-trimetylo-1-winylo-deka-4,8- dietylo)benzeno-1',2'-diol (**134**), a PUL3 jako piperumbellaktam D lub 10-amino-3,4-metylenodioksyfenylo-N-metoksyfenantren-1-karboksyloklaktam (**137**).

Przewidujemy, że nasza praca będzie kontynuowana:

- Badanie aktywności biologicznej ekstraktu surowego, głównych różnych frakcji i produktów wyizolowanych z zakładu;
- Charakteryzować inne już izolowane produkty (PUL1, PUL2, PUL4 i PUL5)
- Oczyszczają i charakteryzują związki występujące w pozostałych frakcjach (B, C, F i G);
- Na koniec należy przeprowadzić przemiany chemiczne tych związków w celu poprawy ich różnych właściwości biologicznych.

BIBLIOGRAFIA

Agbor, G., Oben, E., Jeanne, Y., Ngogang, C., Vinson, A., 2005. Antyoksydacyjna zdolność niektórych ziół/ przypraw z Kamerunu: A Comparative Study of Two Methods. *Journal of Agriculture and Food Chemistry* **53**, 6819-6824.

Alinnor, I., Ejele, A., 2009. Phytochemical analysis and antimicrobial activity screening of crude extracts of leaves of *Gongronema latifolium*. *Indian Journal of Botanical Research* **5**, 161-168.

Amar, N., 2009. Sesquiterpenes laktony i flawonoidy ekstrahowane z dwóch algierskich roślin z rodziny Asteraceae. Praca doktorska. Uniwersytet w Mentouri; Constantine, Algieria 3-8.

Angenon, L., 1978. Nowe alkaloidy oksindolowe od *Strychnosa usambarensza* Gilga. Rośliny lecznicze i fitoterapia, Tom XII, 123-129.

Association Française de NORmalisation (AFNOR), 1986. Olejki eteryczne, Paryż 75-06.

Atindehou, K., Koné, M., Terreaux, C., Traore, D., Hostettmann, K., Dosso, M., 2002. Evaluation of the antimicrobial potential of medicinal plants from the *Ivory Coast*. *Phytotherapy Research* 16, 497-502.

Bhat, S., Nagasampigi, B., Sivakumar, M., 2005. Chemia produktów naturalnych. [1.] édition: Narosa, Springer, 115-252.

Boff, M., De-Almeida, A., 1996. Toksyczne działanie czarnego pepera, *Piper nigrum* na jaja *Sitotroga cerealella* (Oliv.) (Lepidoptera: *Gelechiidae*). *Anais Sociedade Ebtomologicia Do Brasil* **25**, 423-429.

Bouheroum, M., 2007. Badania fitochemiczne algierskich roślin leczniczych: *Rhantherium adpressum* i *Ononis angustissime*. Praca doktorska. Uniwersytet w Mentouri; Constantine, Algieria 1.

Bourgaud, F., Gravot A., Milesi S., Gontier E., 2001. Production of plant secondary metabolites: a historical perspective. *Plant Science* **161**, 839-851.

Bruneton, J., 2009. Farmakognozja, fitochemia, rośliny lecznicze. Czwarta edycja. Paryż, 50-270.

Campbell, C., Kellogg, E., Stevens, P., Judd, W., Bouharmont, J., Evrard, C., 2001. Systematyczna botanika: Perspektywa filogenetyczna. Uniwersytet De Boeck, 214-230.

Domis, M., Oyen, L., Schmelzer, G., Gurib-Fakim, A., 2008. *Piper umbellatum* L. Plant Resources of Tropical Africa. *Wageningen Pays Bas* **1**, 6700.

Duke, J., 2002. Handbook of Medicinal Spices. *Phytomedicine* **13**, 383-387.

Fasihuddin, B., Cheksum, T., 2002. Phytochemical studies on *Piper umbellatum L. Asean Review of Biodiversity and Environmental Conservation*, **39** 185-99.

Hadi, N., Abbas, F., Mehrab, N., 2011. Quantitative structure-retention relationships analysis of retention index of essential oils. *Quimica Nova* **34**, 242-249.

Herz, W., 1977. Biogenetyczne aspekty chemii sezkwiterpenów laktonów. *Israel Journal of Chemistry* **19**, 32.

Hutchinson, J., Dalziel, J., 1963. Flora Zachodniej Afryki Tropikalnej. 2nd édition, Crown Agents, London 2.

Isobe, T., Ohsaki, K., Nagaka, K., 2002. Antybakteryjne składniki przeciwko Helicobacter pylori z brazylijskiej rośliny leczniczej, *Pariparoba. Yakugaku Zasshi* **122**, 291-294.

Jaramillo, M., Manos, P., 1988. Phylogeny i wzorce różnorodności kwiatowej w rodzaju *Piper* (Piperaceae). *Botanical Society of America.* 1.

Kar, A., 2007. Pharmacognosy and Pharmabiotechnologie. 2nd édition. New age international publishers 1-30.

Kéita, A., Coppo, P., Aké, A., Diakité, C., Diallo, D., Diarra, N., Koné, N., Pisani L., Tapo, M., Portfel, O., 1993. Plantes et remèdes du plateau Dogon. Edition Bandiagara: Pergia, Italie. 156.

Kelly, C. Araújo C., Kęnnia R., Rezende, B. Vaz, Wanderson, R., Luciano M., Lião, Eric de Souza G., Valéria de Oliveira, 2013. Biosynthesis and antioxidant activity of 4-Nerolidylcatechol-β-glycoside. *Tetrahedron Letters* **54**, 6656-6659.

Lee, E., Shin, H., Woo, S., 1984. Badania farmakologiczne nad piperyną. *Archives of Chemical and Pharmacological Research* **7**, 127-132.

Lee, J., Bernasconi-Quadroni, F., Soltis, D., Soltis, P., Zanis, M., Zimmer, E., Chen, Z., Savolainen, V., Chase, M., 1999. Najwcześniejsze okrytozalążkowe: dowody z genomów mitochondrialnych, plastydowych i jądrowych. *Natura* **402**, 404-407.

Maia, S., Andrade, A., 2009. Baza danych aromatycznych roślin amazońskich i ich olejków eterycznych. *Quimica Nova* **32**, 595-622.

Mann, J., Davidson, R. , Hobbs, J. , Banthorpe, D. , Harborne, J. , 1994. *Natural Products*: Ich chemia i znaczenie biologiczne. *Longman* Scientific and Technical: Essex, Wielka Brytania *389-446.*

Mapi, J., 1998. Wkład w badania etnobotaniczne i analizy niektórych roślin wykorzystywanych w medycynie tradycyjnej w regionie Nkongsamba (Moungo). Praca doktorska. Uniwersytet w Yaoundé I; Yaoundé, Kamerun 58-98.

Martins, A., Salguiero, L., Vila, R., Tomi, F., Canigueral, S., Casanova, J., Proenca-Da-Cunha, A., Adzett, T., 1998. Olejki eteryczne z czterech gatunków *Piper. Phytochemistry* **49**, 2019-2023.

Mauro, N., 2006. Synteza biologicznie aktywnych alkaloidów: (+)-anatoksynaα i (±)-kamptotyna. Praca doktorska. Université Joseph Fourier; Grenoble I, Francja 10-25.

Mensah, J., Ihenyen, O., Okhiure, M., 2013. Nutritional, phytochemical and antimicrobial properties of two wild aromatic vegetables from Edo State. *Journal of Natural Product and Plant Research* **3**, 8-14.

Mesquita, J., Cavaleiro, C., Cunha, A., Lombardi, J., Oliveira, A., 2005. Badania porównawcze olejów lotnych niektórych gatunków Piperaceae. *Brazilian Journal of Pharmacognosy* **15**, 6-12.

Núñez, V., Castro, V., Murillo, R., Ponce, L., Merfort, I., Lomonte, B., 2005. Inhibitory effects of *Piper umbellatum* and *Piper peltatum* extracts towards myotoxic phospholipases A2 from *Bothrops* snake venoms: isolation of 4-nerolidylcatechol as active principle. *Phytochemistry* **66**, 1017-1025.

Nwauzoma, A., Dawari, S., 2013. Study on the phytochemical properties and proximate analysis of *Piper umbellatum* from Nigeria. *American Journal of Research Communication* **7**, 164-177.

Okwu, D., 2003. The potential of *Ocimium gratissimum*, *Penrgularia extensaand Tetrapleura tetrapteraas* species and flavouring agents. *Nigeria Agriculture Journal* **34**, 143-148.

Organizacja Mondiale de la Santé, 2004. Toksykologiczna ocena niektórych dodatków do żywności wraz z przeglądem ogólnych zasad i specyfikacji. Genewa 540.

Özgen, U., Kazaz, C., Seçen, H., Coşkun, M., 2006. Phytochemical studies on the underground parts of *Asperula taurinasubsp. Caucasica. Turkish Journal Chemistry* **3**, 15-20.

Pauly, G., 2000. Stosowanie wyciągu z *boldo* w produkcie kosmetycznym lub dermatologicznym oraz produktu zawierającego taki wyciąg. Niemiecki patent. FR2784027(A1). Europejski Urząd Patentowy.

Pavida, D., Lampnan, G., Kriz, G., 1976. Introduction to organic laboratory Techniques, W.B. Sauders Co. Philadelphia, USA, 567.

Perazzo, F., Souza, G., Cardoso, L., Carvalho, J., Nanayakkara, N., Bastos, J., 2005. Właściwości przeciwzapalne i przeciwbólowe wodno-etanolowego wyciągu z części powietrznych *Pothomorphe umbellatum* (Piperaceae). *Journal of Ethnophar-macology* **99**, 215-200.

Pereda-Miranda, R., Bernard, C., Durst, T., Arnason, J., Vindas, P., San-Roman, L., 1997. Methyl-4-hydroxy-23-(3'-methyl-2'-butenyl)-benzoesan, major insectci-dal principles from *Piper guanacastensis*. *Journal of Natural Products* **60,** 282-284.

Pino, A., Marbot, R., Fuentes, V., Payo, A., Chao, D., Herrera, P., 2005. Aromatic plants from Western Cuba II. Kompozycja oleju z liści *Pothomorphe umbellata* L. i *Ageratina havanensis Kinget*. *Journal of Essential Oil Research* **17**, 572-574.

Portet, B., 2007. Bioguideed search for antimalarial molecules of a Guyanese plant: *Piper hostmannianum* var. *berbicense*. Praca doktorska. Universite Paul Sabatier Toulouse III; Toulouse, Francja 6.

Rybalko-Rosen, H., Couture, A., Grandclaudon, P., 2005. Approches synthetiques alternatives et complementaires vers les aristolactames. *Scientific Study and Research* **1**, 1540-1582.

Sandjo, L., 2009. Sfingolipidy, Triterpenoidy i inne wtórne metabolity dzikich i uprawianych odmian gatunku *Triumfetta cordifolia* A. Bogaty. (Tiliaceae): Przemiany chemiczne i ocena właściwości biologicznych niektórych izolowanych związków. *Praca doktorska/Ph.D.* University of Yaoundé 1; Yaoundé, Cameroon 1-2.

Sanner, L., 2007. Wkład w badania nad *Tabernantem ibogiem*. Bn. Praca doktorska, Université Henri-Poincare; Nancy I, Francja 74-75.

Satariah, H., Hapipah, A., Khalijah, A., Abdul, K., Habsah, K., Kamaliah, M., Hadi, H., 1999. Chemical constituents and insecticidal activity of *Piper sormentosum*. In Phytochemical and Biopharmaceutins from the Malaysian Rain Forest, *A. Manaf Ali, S. Khozirah and Z. Zuriati*, FRIM, Kepong 62-66.

Spichiger, R., Ravolainen, V., Figeat, M., Perret, M., 2000. Systematyczna botanika roślin kwitnących: nowe filogenetyczne podejście do okrytozalążkowych roślin w regionach umiarkowanych i tropikalnych. Lozanna, Prasa politechniki i uniwersytety romandes. Zbieranie. "Biologia" 372.

Stevens, P., 2001. Strona internetowa poświęcona filogenezie okrytozalążkowej (Angiosperm phylogeny). W: http://www.mobot.org/MObot/ research/APweb. (skonsultowano w dniu 1 maja 2014 r.).

Svoboda, K., Svoboda, T., 2000. Struktury wydzielnicze roślin aromatycznych i leczniczych. Wydanie 1: Publikacje Microscopix, 7-12.

Tabopda, K., Ngoupayo, J., Liu, J., Mitaine, C., Tanoli, K., Khan, N., Ali, S., Ngadjui, T., Tsamo, E., Lacaille, A., Luu, B., 2008. Bioaktywne arystolaktamy z *Piper umbellatum*. *Phytochemistry* **69**, 1726-1731.

Teisseire, P., 1991. Całkowita synteza terpenoidów alifatycznych o znaczeniu przemysłowym oraz biogeneza substancji naturalnych. *Chemia substancji zapachowych* **96**, 1731-1749.

Urzúa, A., Olguín, A., Santander, R., 2013. Fate of Ingested Aristolactams from *Aristolochia chilensis* in *Battus polydamas archidamas* (*Lepidoptera*: Papilionidae). *Insekty* **4**, 533-541.

Varaprasad, B., 2012. Środki przeciwdrobnoustrojowe. Opublikowane przez InTech Janeza Tridine 9, 51000 Rijeka, Chorwacja 432.

Vercauteren J., 2013. Ogólny kurs farmakognozji. Uniwersytet Montpellier I; Francja 37.

Wagner, H., Bladt, S., Zgainski, E., 1984. Plant Drug Analysis. Atlas chromatografii cienkowarstwowej. Translated by Scott, T.A. Springer-Verlag, Berlin Heidelberg New-York-Tokyo 300-304.

Światowa Organizacja Zdrowia, 1974. Toksykologiczna ocena niektórych dodatków do żywności wraz z przeglądem ogólnych zasad i specyfikacji. Genewa 539.

Światowa Organizacja Zdrowia, 1999. Monografie na temat wybranych roślin leczniczych. Tom I. Genewa 635.

Zaghdane, H., 2008. Syntetyczne badania (-)-kopsinu poprzez rearanżację Irlandii i Claisena oraz wewnątrzcząsteczkową cykladdycję Dielsa-Aldera. Praca magisterska z chemii. Université du Québec à Montréal, Kanada 64.

Printed by Books on Demand GmbH, Norderstedt / Germany